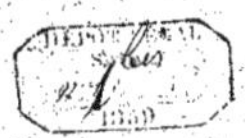

# HISTOIRE GÉNÉRALE

ET PARTICULIÈRE

# DU DÉVELOPPEMENT

DES

## CORPS ORGANISÉS

PUBLIÉE

**Sous les auspices de *M. VILLEMAIN*, ministre de l'Instruction publique**

PAR


## M. COSTE

MEMBRE DE L'INSTITUT, PROFESSEUR AU COLLÈGE DE FRANCE


4me **Livraison**


PARIS

LIBRAIRIE DE VICTOR MASSON

7, PLACE DE L'ÉCOLE-DE-MÉDECINE,

MÊME MAISON, CHEZ L. MICHELSEN, A LEIPZIG

1859

# Relevé des Planches publiées.

| | |
|---|---|
| Espèce humaine | I |
| | $I^a$ |
| | II |
| | $II^a$ |
| | III |
| | $III^a$ (et non b) |
| | $IV^a$ |
| | V |
| | $V^a$ |
| | $V^b$ |
| | VII |
| | VIII |
| | X |
| | XII |
| Brebis | IV |
| | VI |
| Calmar | II |
| | III |
| Epinoche | I |
| | II |
| Lapins | I |
| | II |
| | III |
| Poule | I |
| | II. |

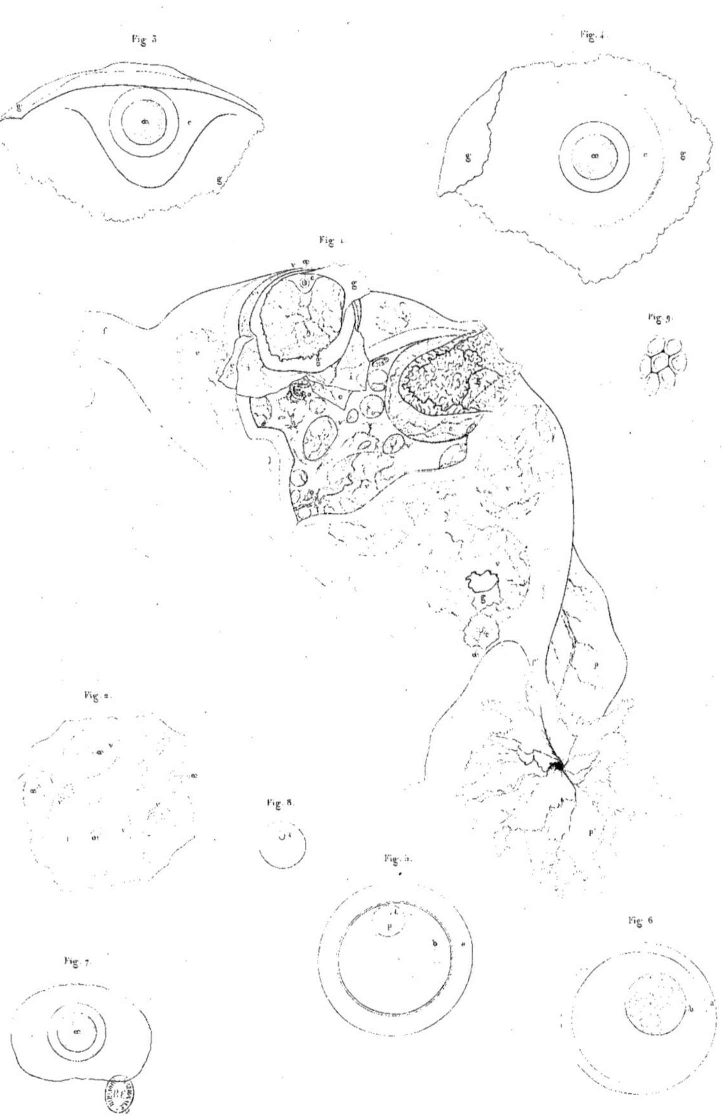


Prothais sc. N. Rémond imp.

ESPÈCE HUMAINE.

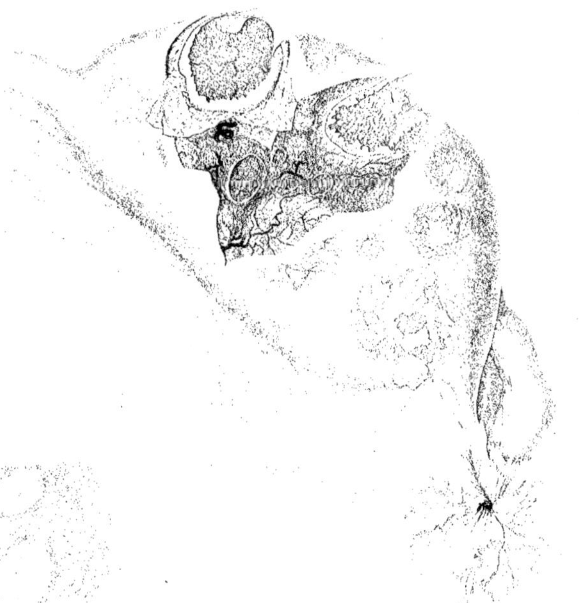

ŒUF DANS L'OVAIRE.

Prêtres sc. N. Rémond imp.

Espèce humaine. Pl. Ire

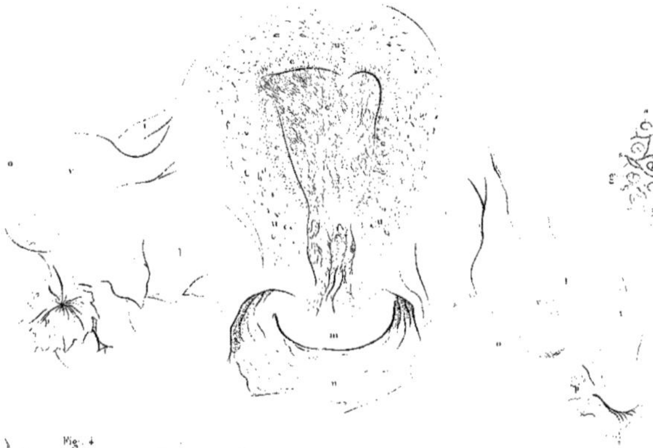

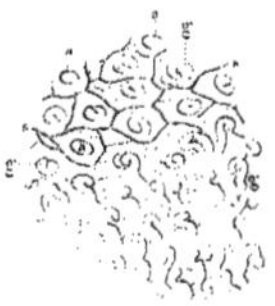

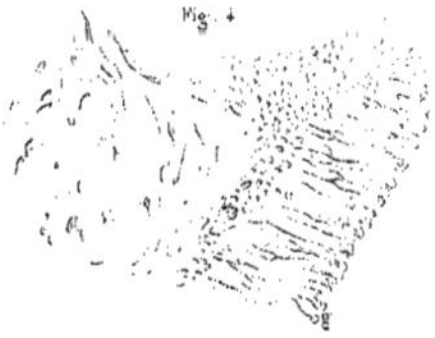

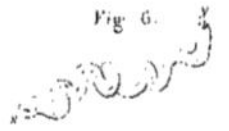

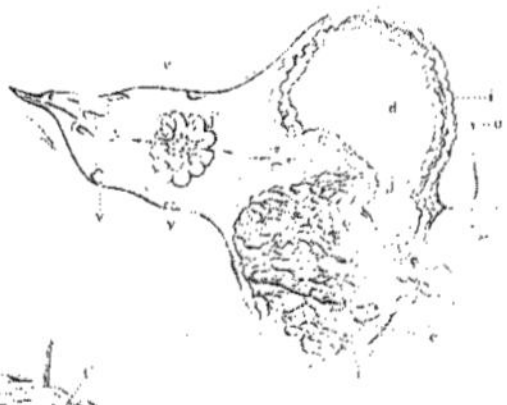

Vialo sc. X. Rémond imp.

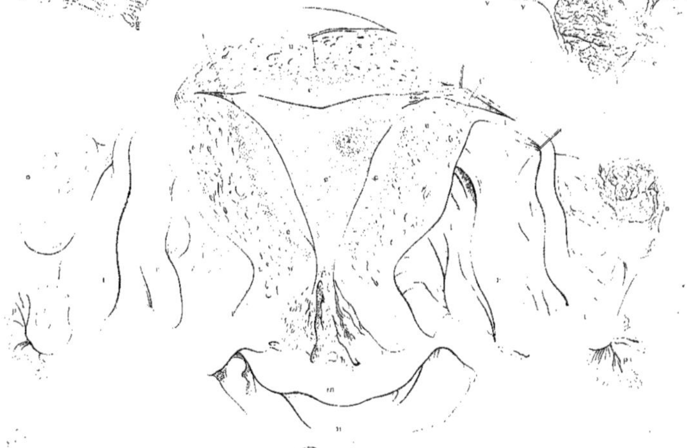

ESPÈCE HUMAINE

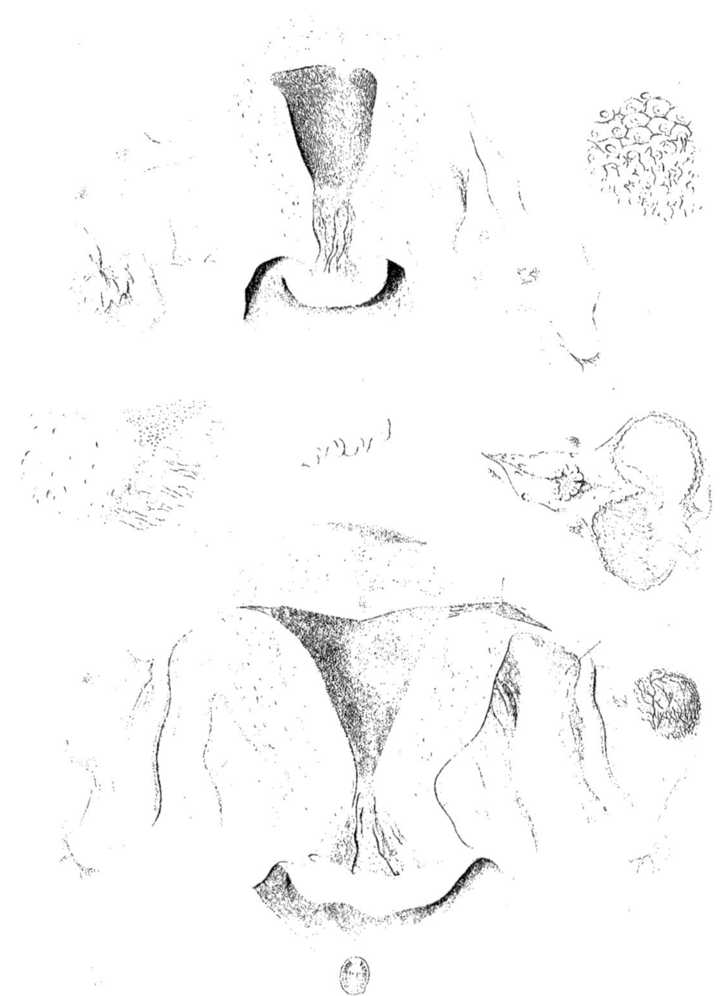

Vista sc.

ANATOMIE DE L'UTÉRUS.

N. Rémond imp.

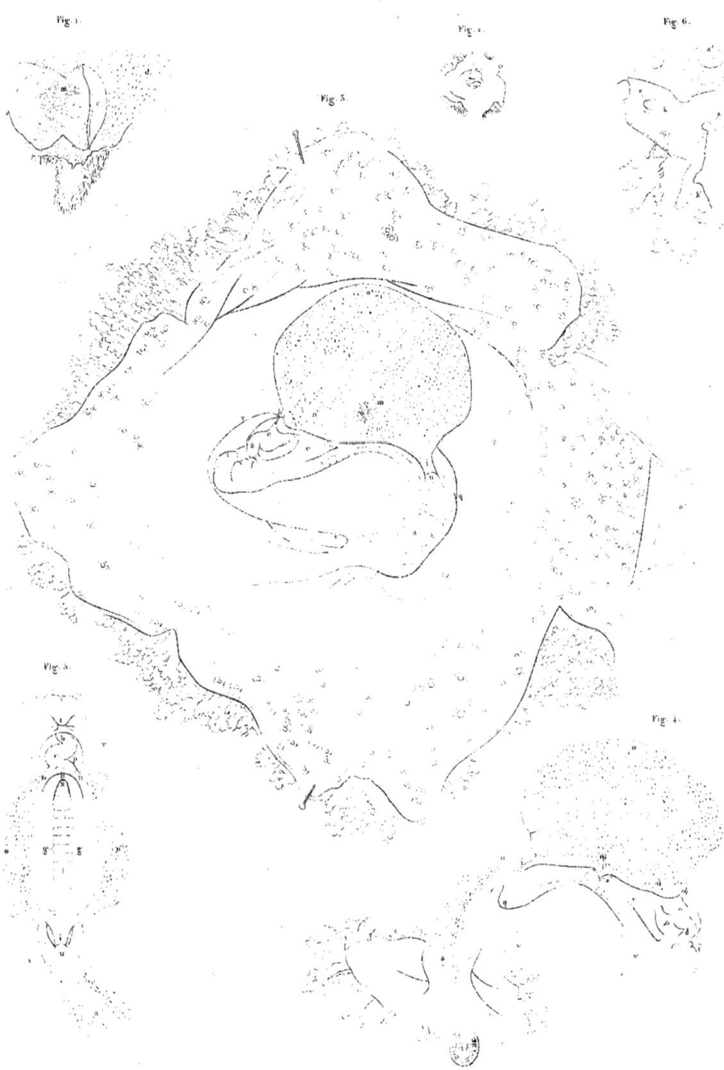


Visto sc.

X. Remond imp.

ESPÈCE HUMAINE

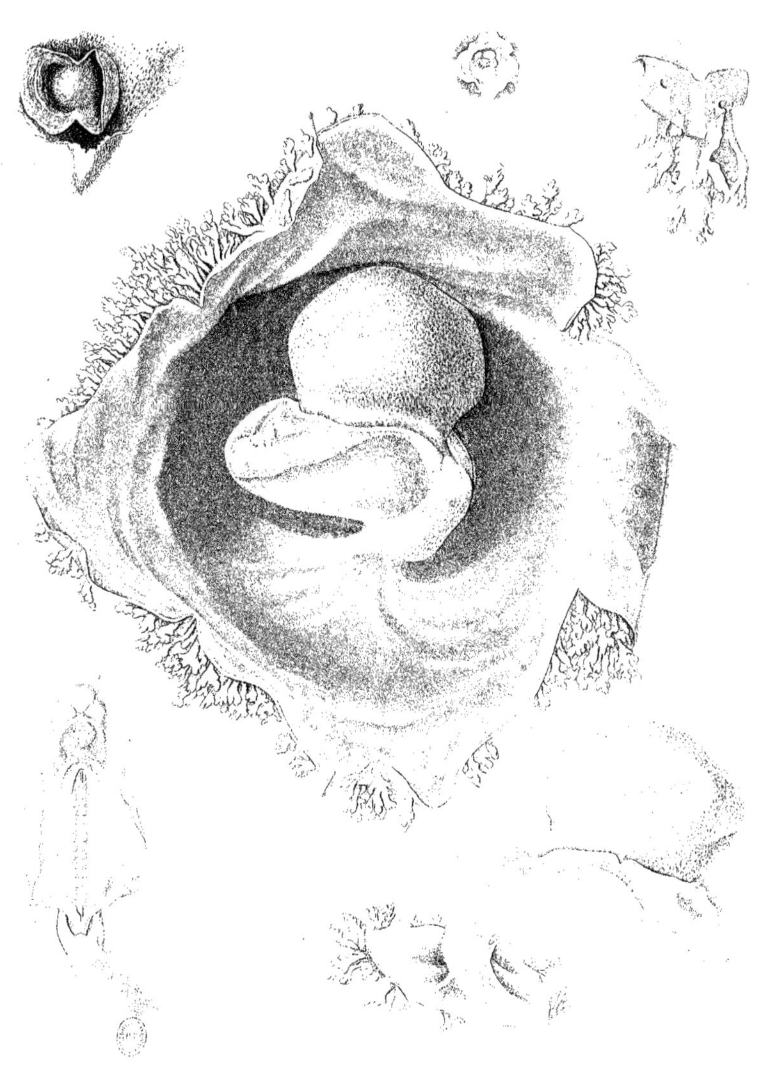

ŒUF DE QUINZE À DIX-HUIT JOURS ENVIRON.

Z. Gerbe del. et pinx. N. Rémond imp. Visto sc.

Fig. 1.

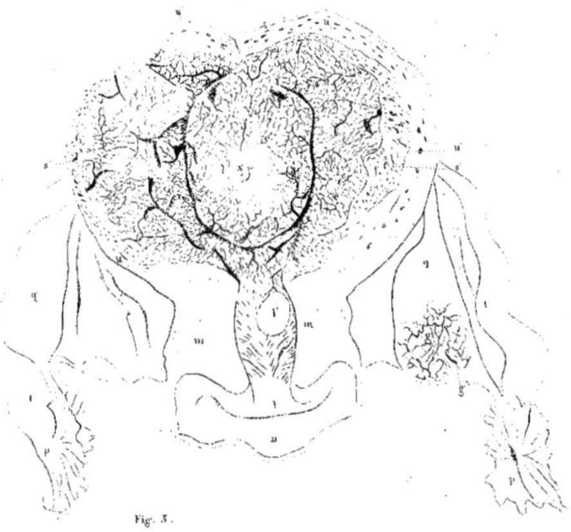

Fig. 2.

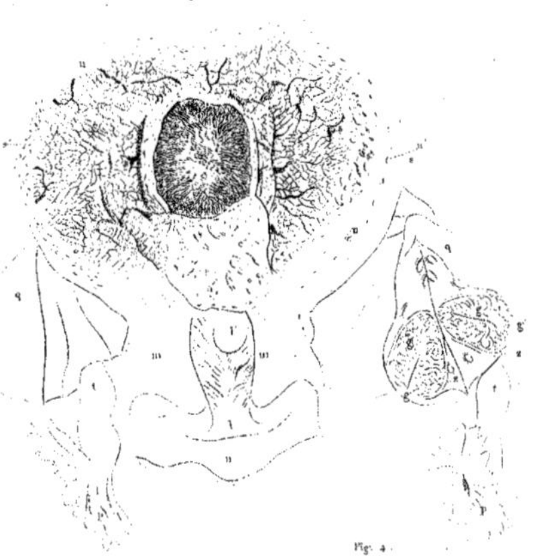

Fig. 3.

Fig. 4.

Fig. 5.

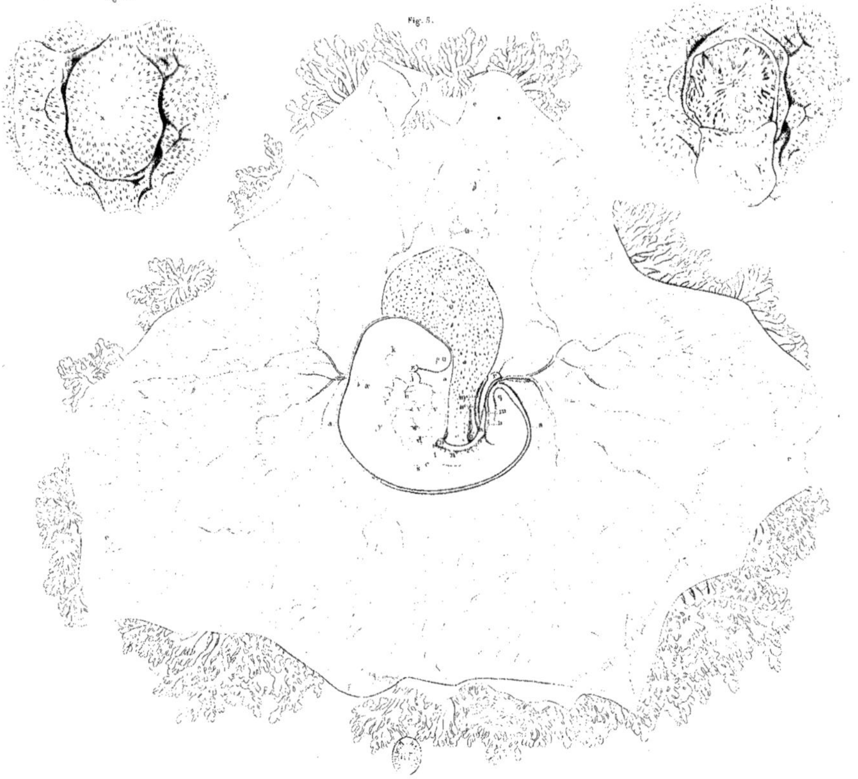

N. Rémond imp.

7

ESPÈCE HUMAINE.

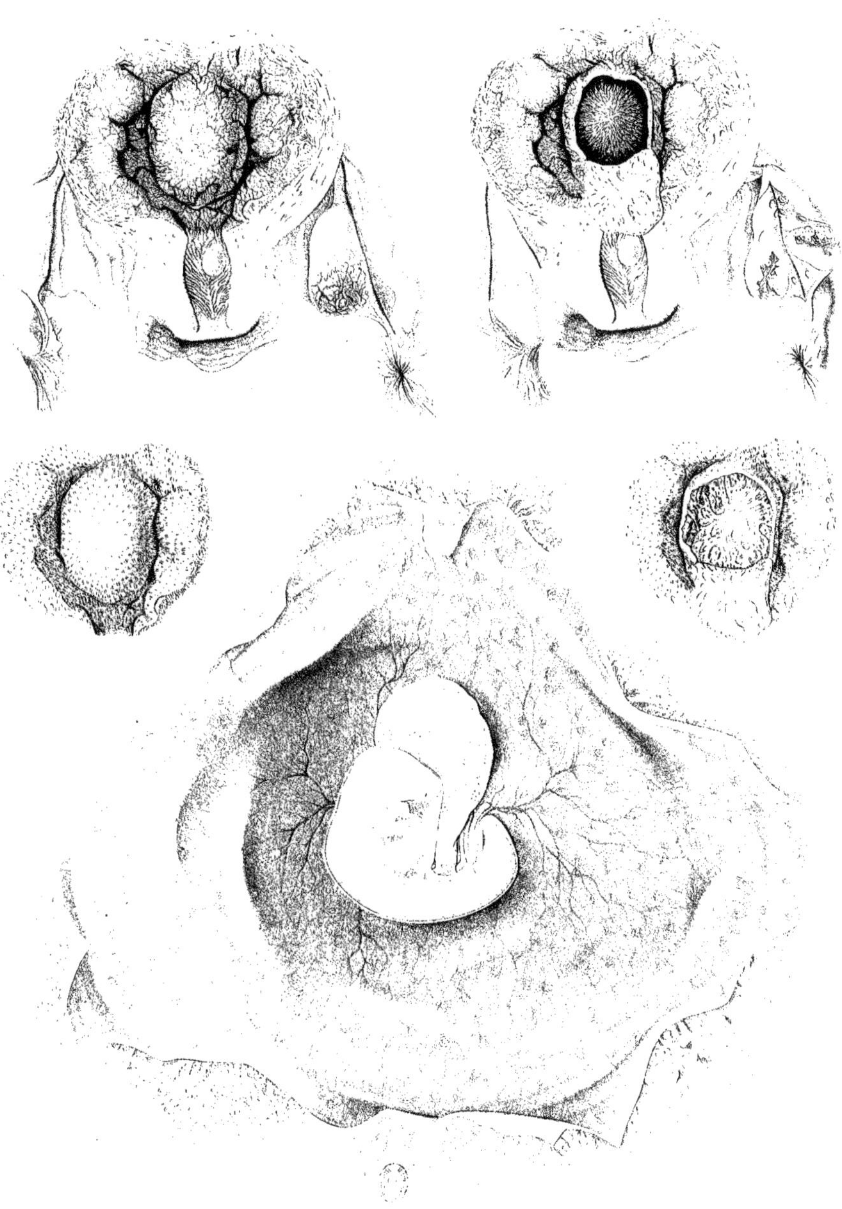

UTÉRUS EN ÉTAT DE GESTATION,

vingt à vingt-cinq jours environ.

lo sc.

N. Rémond imp.

Fig. 1.

Fig. 2.

Fig. 3.

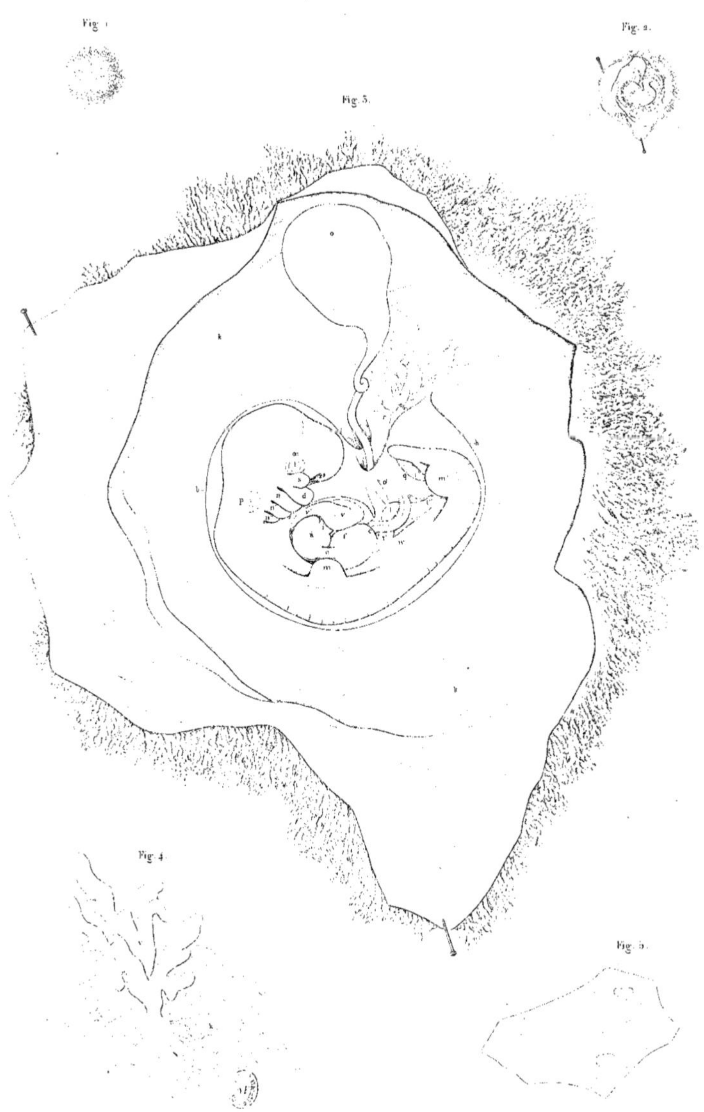

Fig. 4.

Fig. 5.

Prothais sc.

N. Rémond imp.

ESPÈCE HUMAINE.

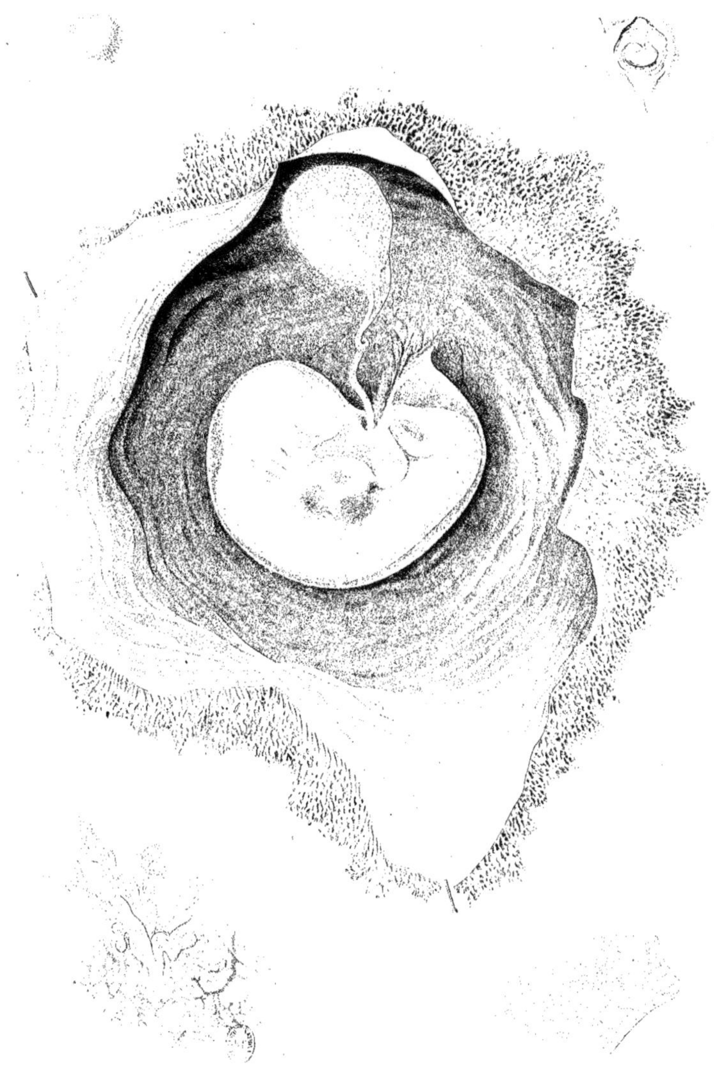

EMBRYON DE VINGT-CINQ À VINGT-HUIT JOURS.

Zorgei sc. N. Rémond imp.

Fig. B
Fig. A
Fig. C
Fig. D

Pl. II^a

ESPÈCE HUMAINE

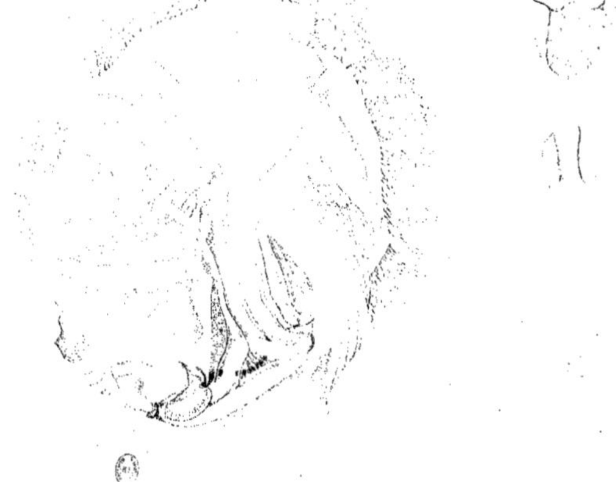

EMBRYON DE VINGT-CINQ A VINGT-HUIT JOURS

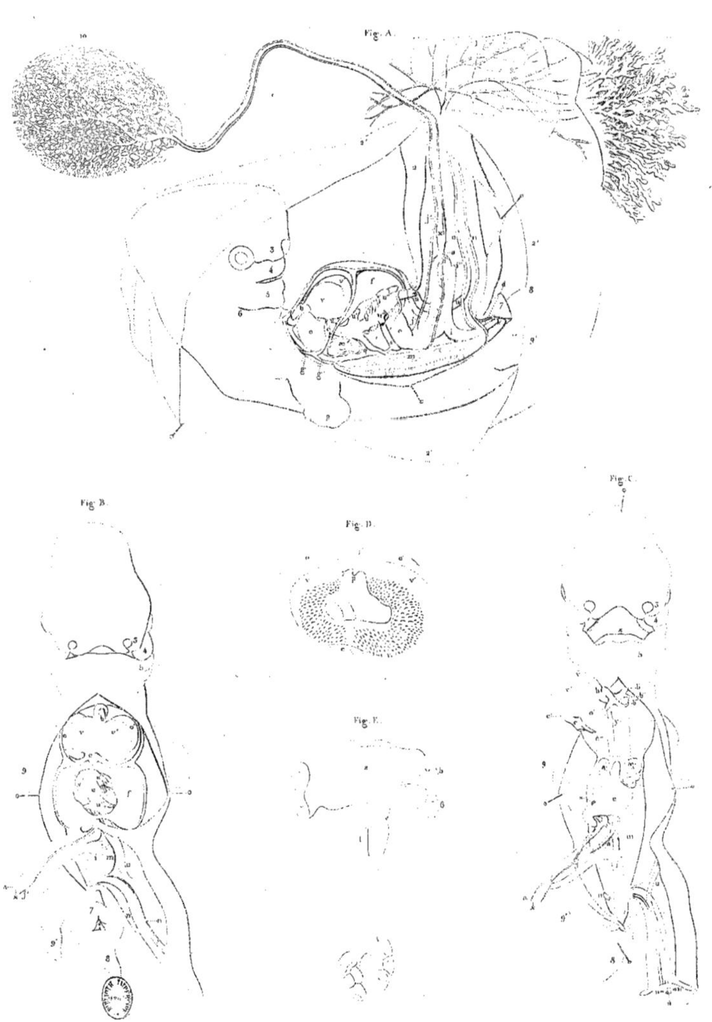


Visto sc. X. Remond imp.

ESPÈCE HUMAINE.

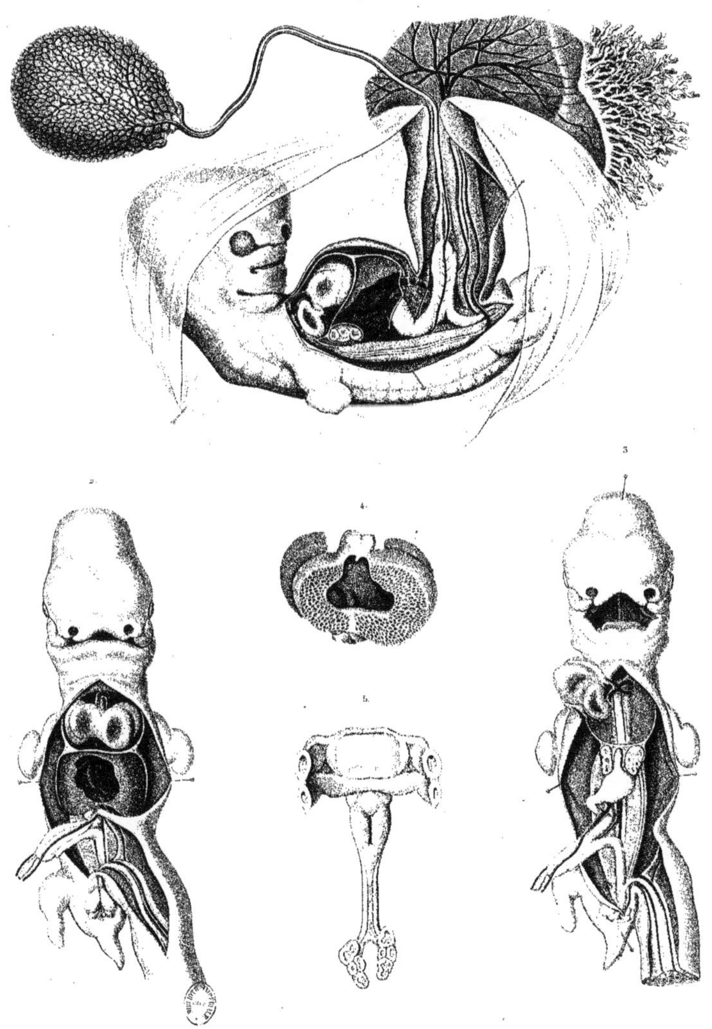

Chazal sc.

EMBRYON DE TRENTE CINQ JOURS ENVIRON.

N. Rémond imp.

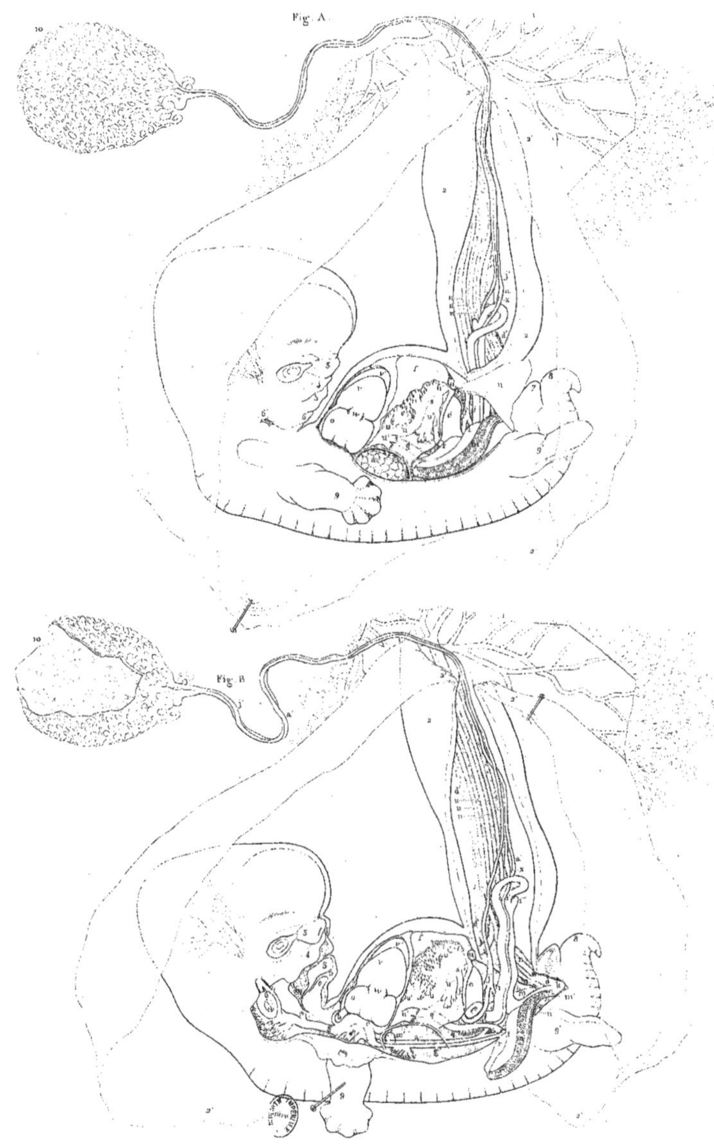
Fig. A.
Fig. B.

ESPÈCE HUMAINE.

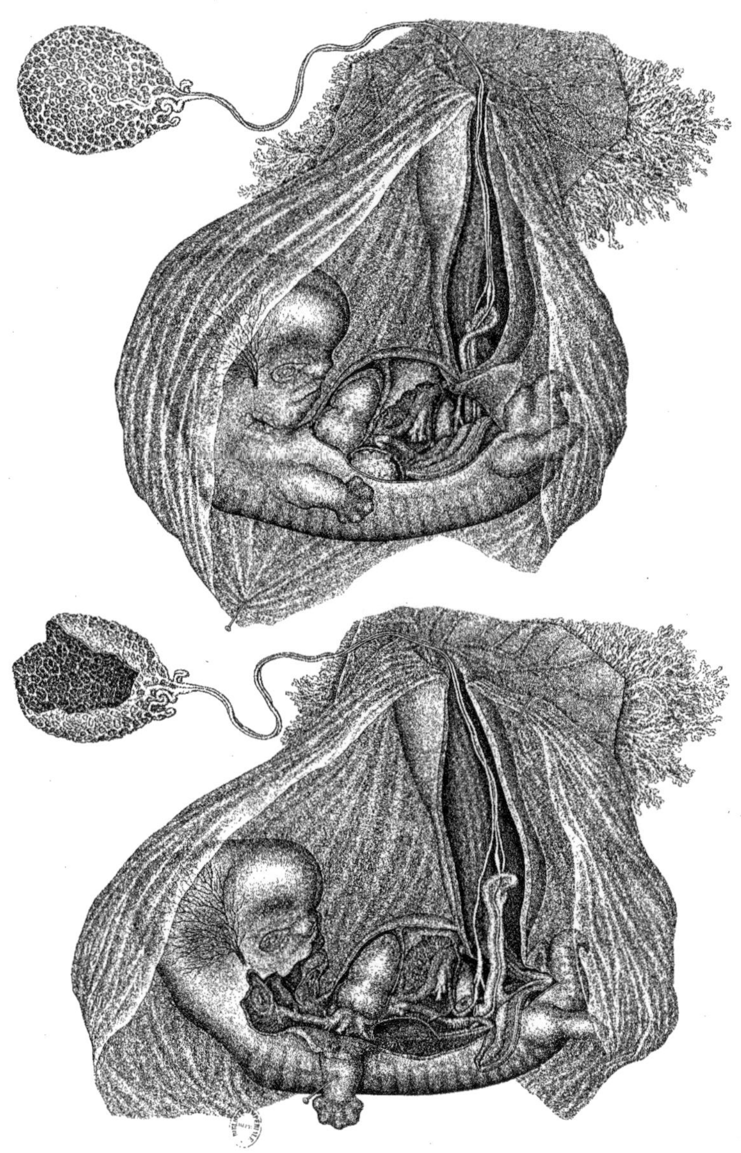

Prothais sc. EMBRYON DE QUARANTE JOURS ENVIRON N. Rémond imp.

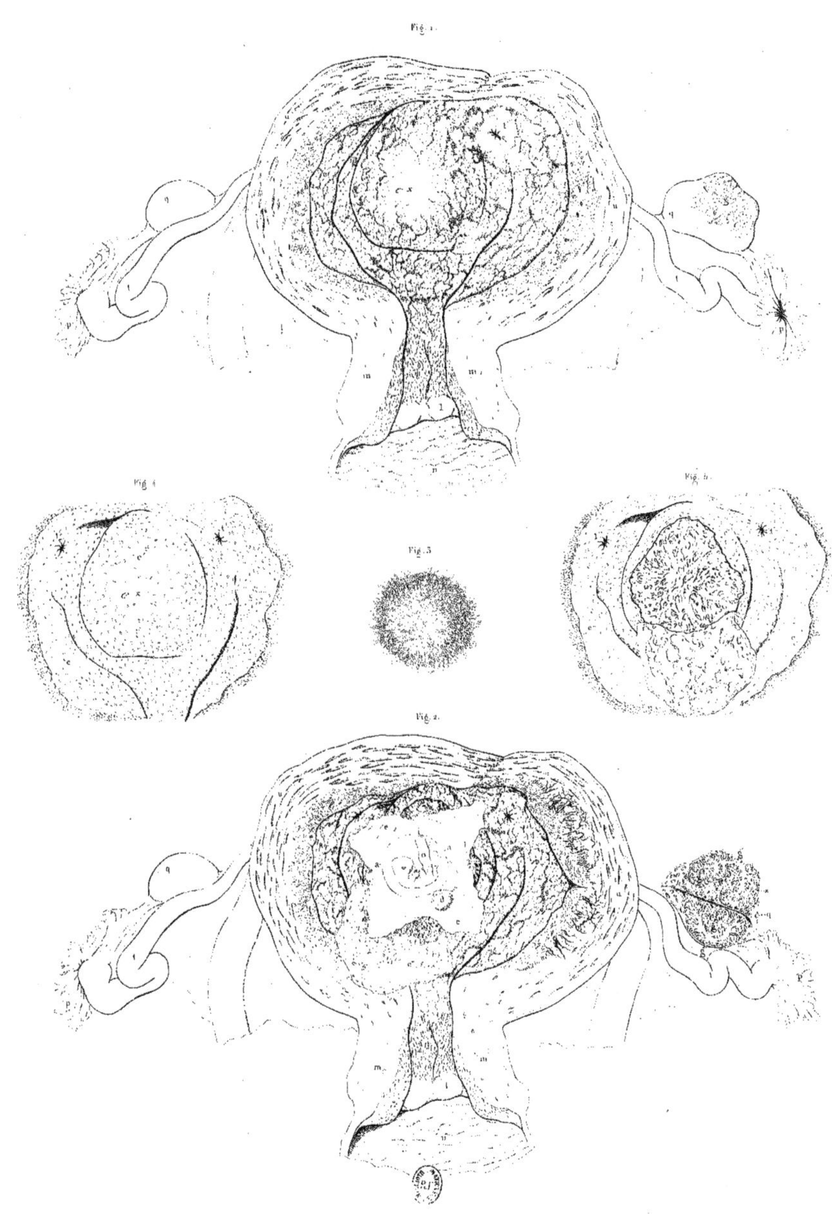


N Rémond imp

ESPÈCE HUMAINE.

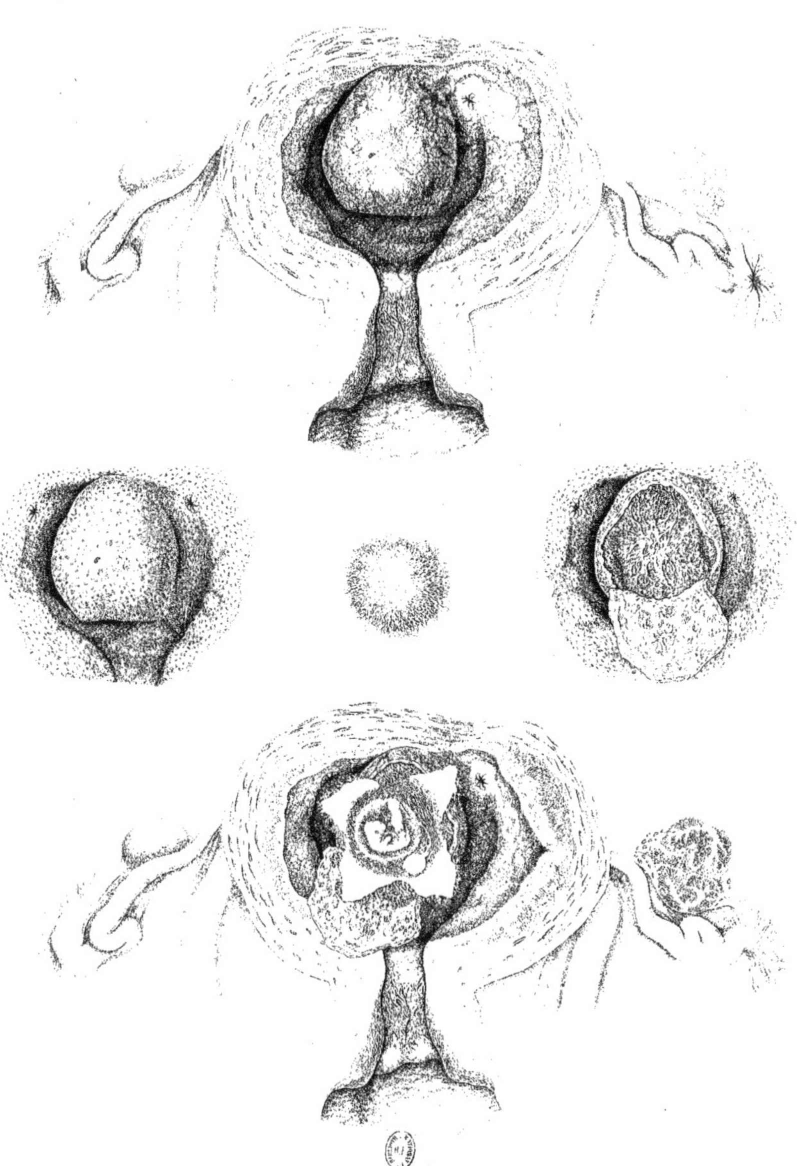



UTÉRUS EN ÉTAT DE GESTATION.

quarante jours environ.

...uthais sc. N. Rémond imp.

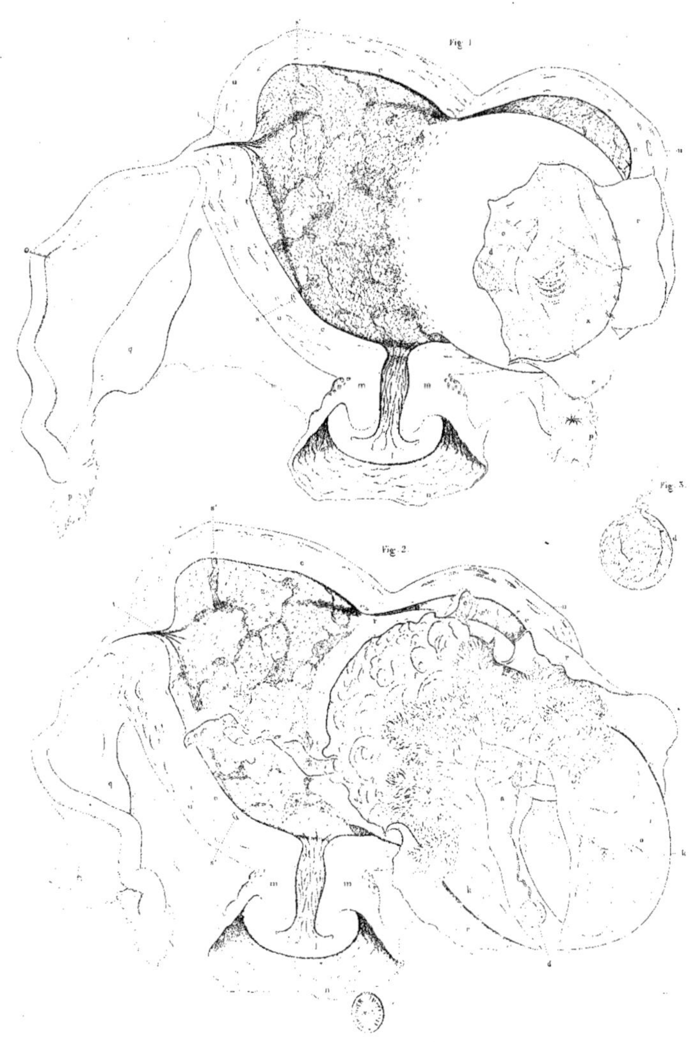


rothais sc

N. Rémond imp.

ESPÈCE HUMAINE.

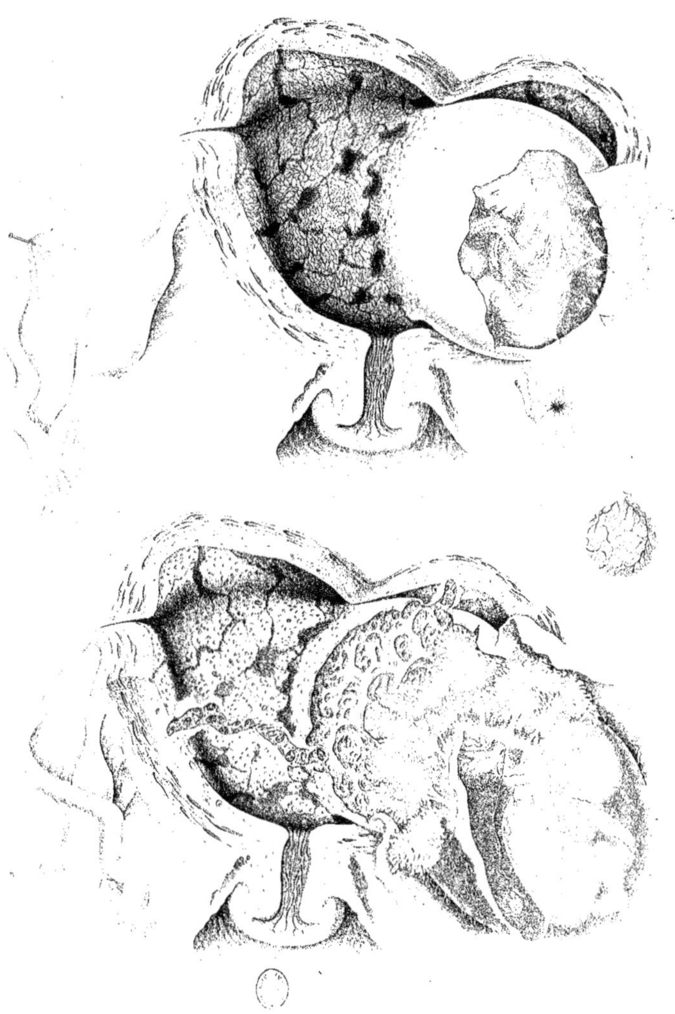

UTÉRUS EN ÉTAT DE GESTATION

(trois mois révolus.)

Prêtre sc. N. Rémond imp.

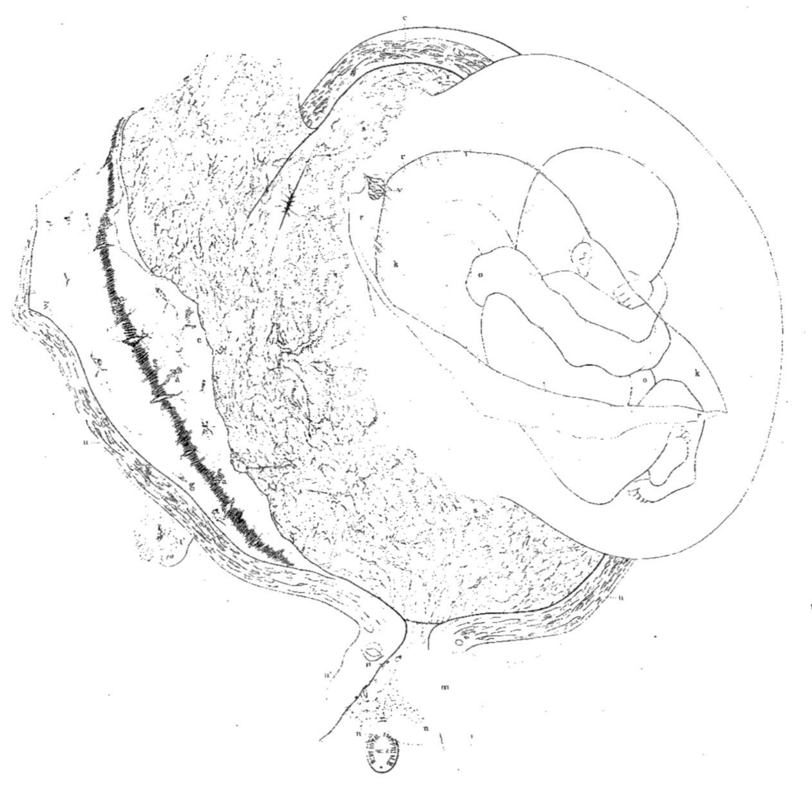

Prothais sc. N. Rémond imp.

ESPÈCE HUMAINE

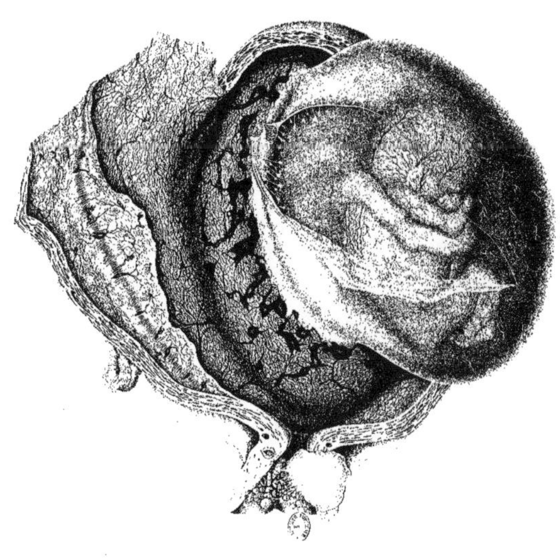

UTÉRUS EN ÉTAT DE GESTATION

Fig. 1. Fig. 2.

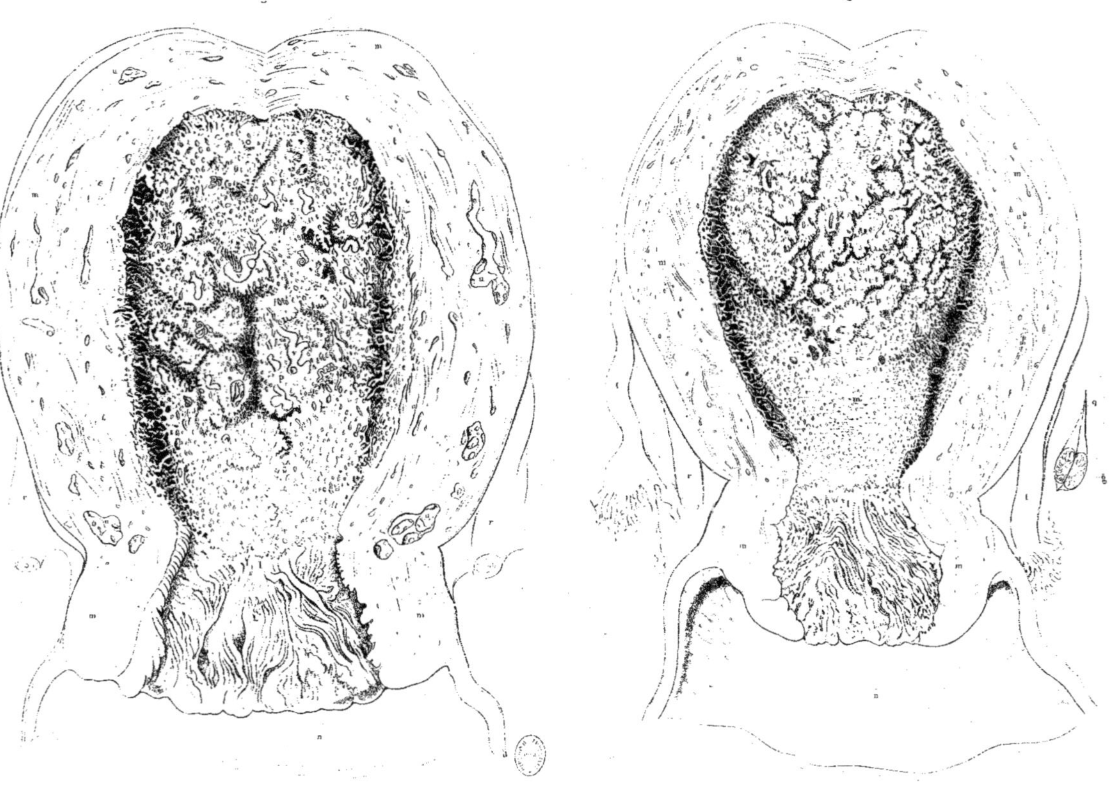

Visto sculp. N. Rémond Impr. rue des Noyers 63. Paris.

*ESPÈCE HUMAINE.*

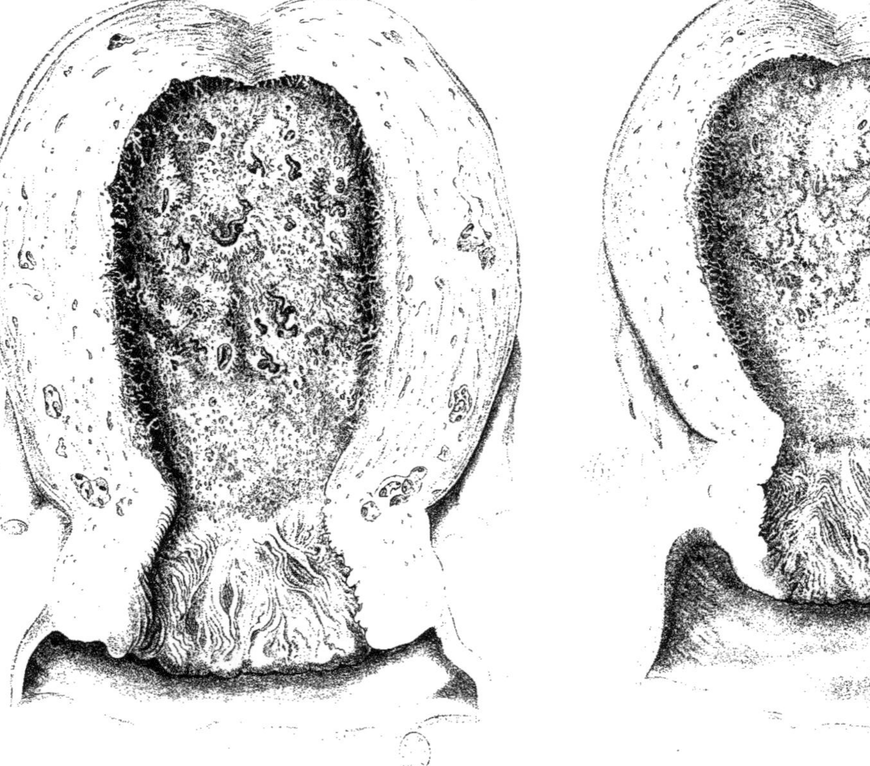

UTERUS APRÈS L'ACCOUCHEMENT.

Z. Gerbe pinx. A. Remond Impr. Rue des Noyers 65. Paris. Visto sculp.

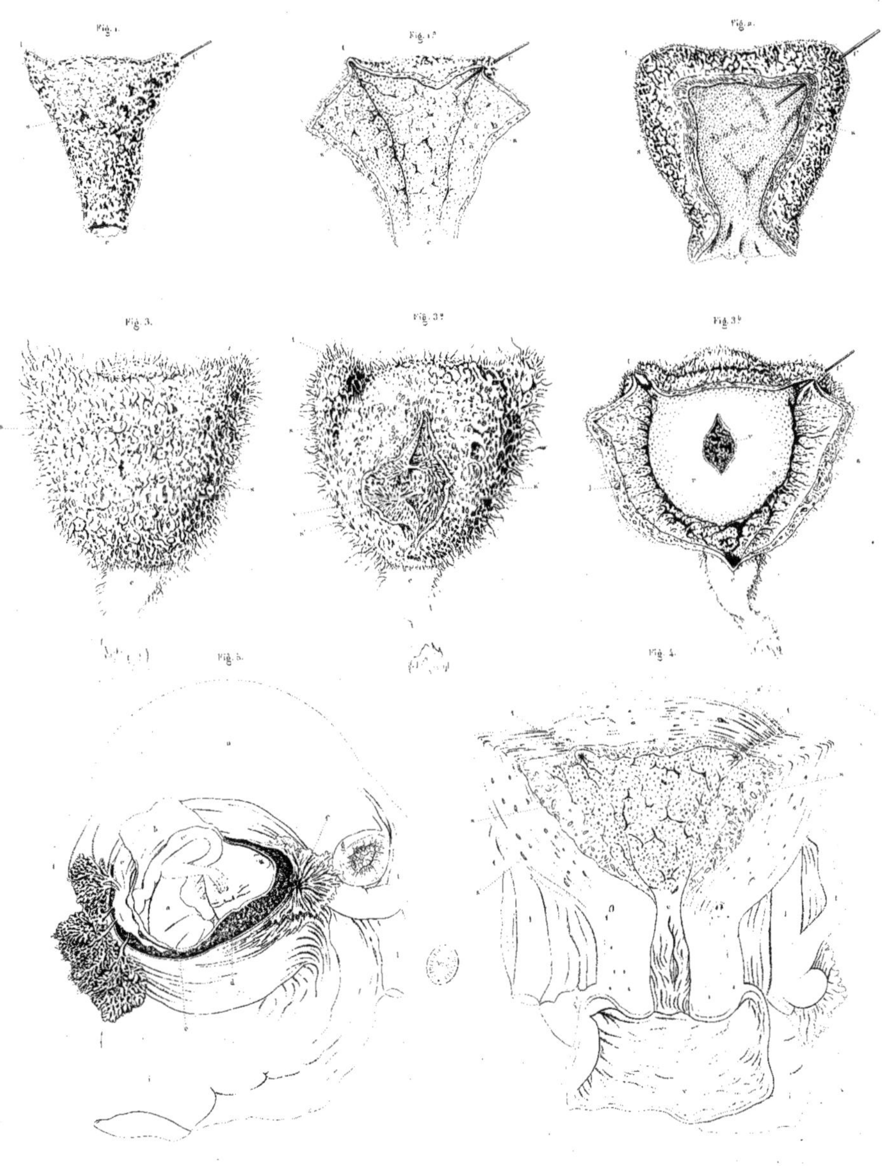
Fig. 1.
Fig. 1a
Fig. 2.
Fig. 3.
Fig. 3a
Fig. 3b
Fig. 5.
Fig. 4.

ESPÈCE HUMAINE.

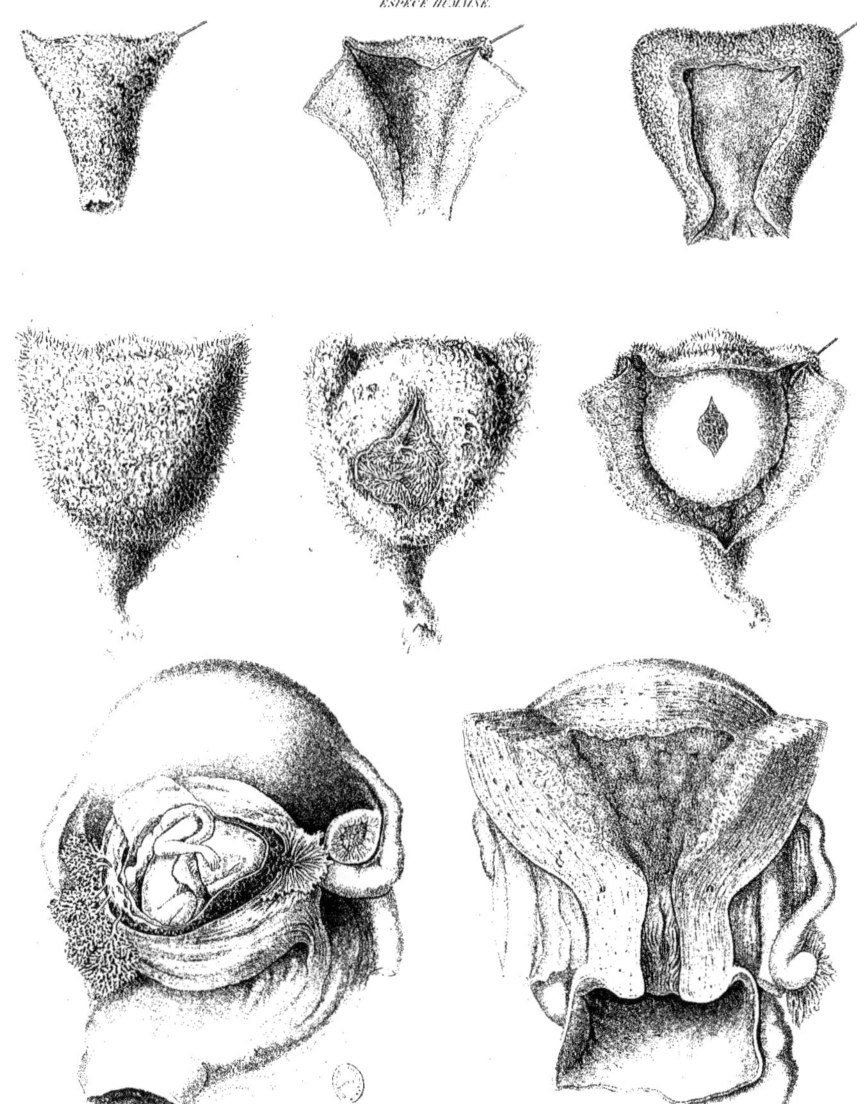

MUQUEUSES UTÉRINES EXFOLIÉES. PRODUIT AVORTÉ.

GROSSESSE EXTRA-UTÉRINE.

Z. Gerbe pinx.t N. Rémond imp. Visto sc.

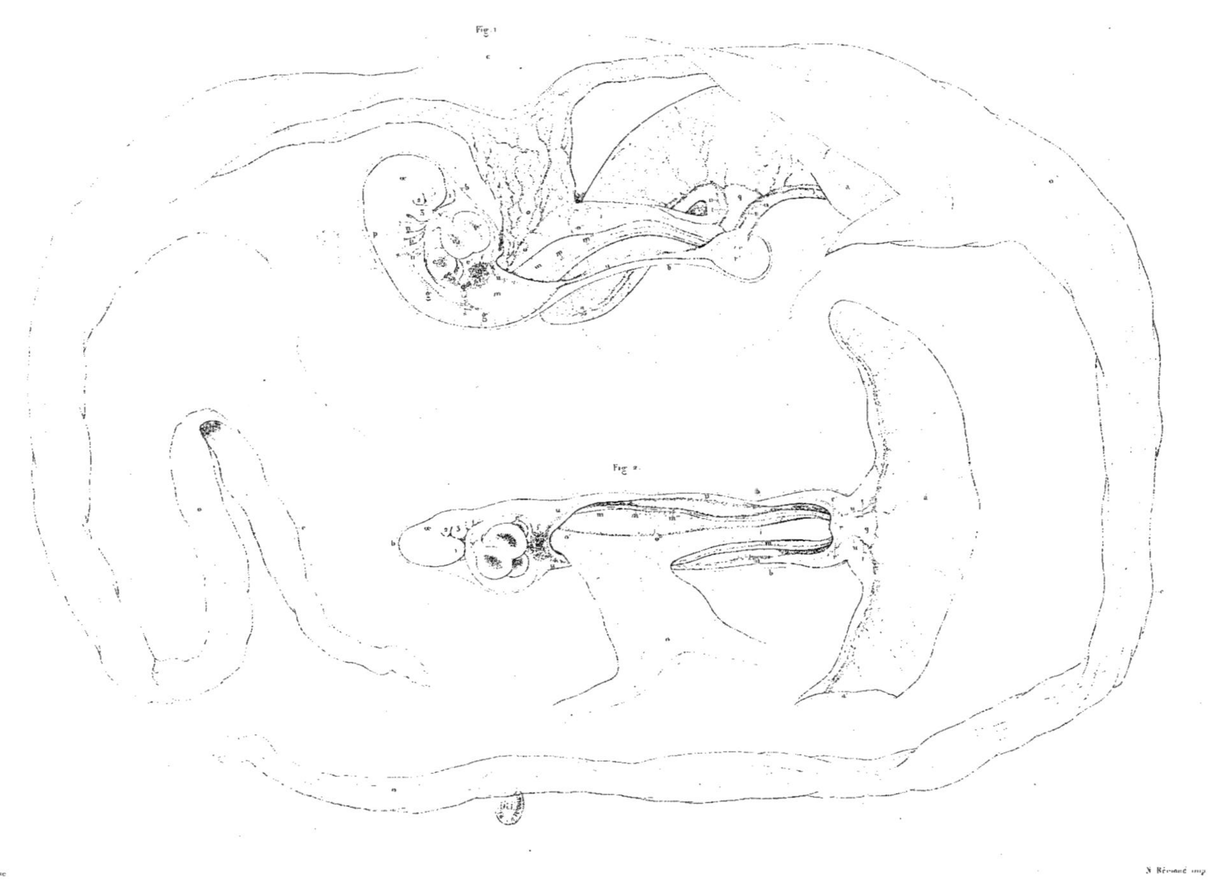


Pruthais sc. N. Rémond imp.

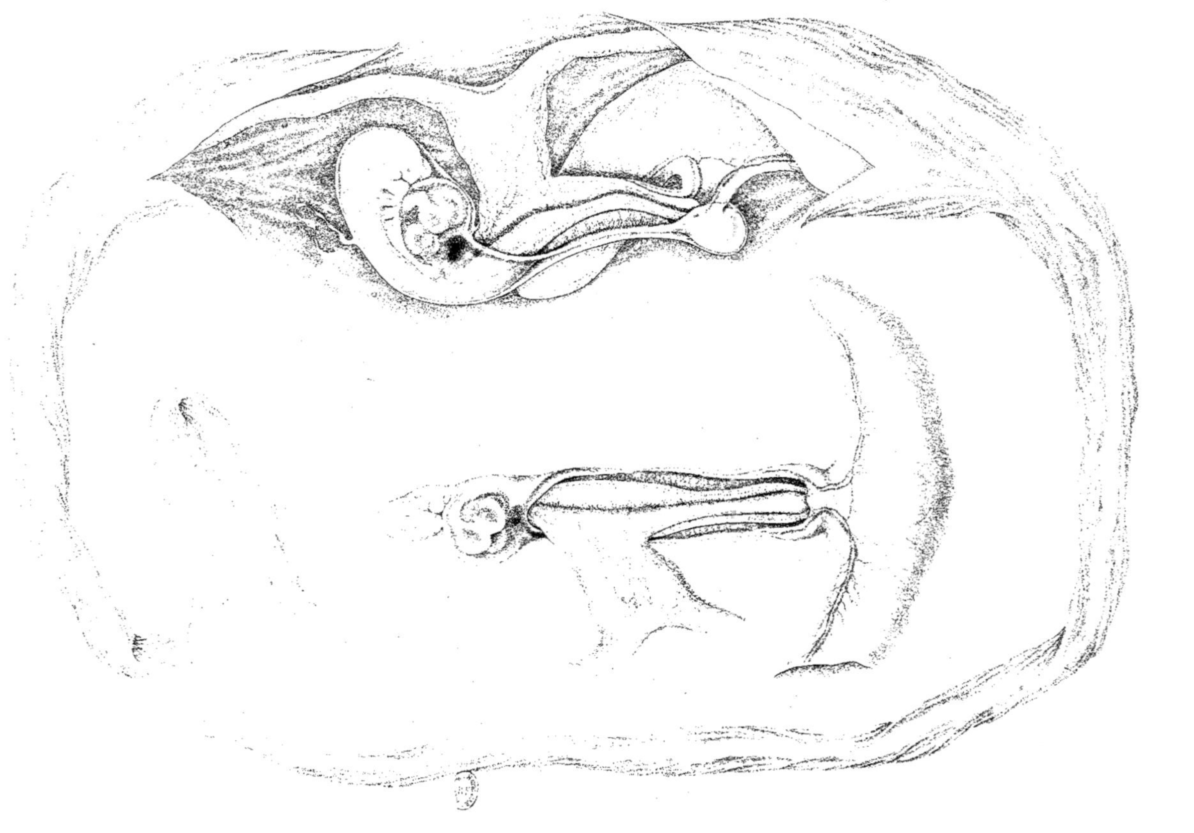

ŒUF DE DIX-SEPT À DIX-HUIT-JOURS.

Brebis. Pl. V. *Sans explication*

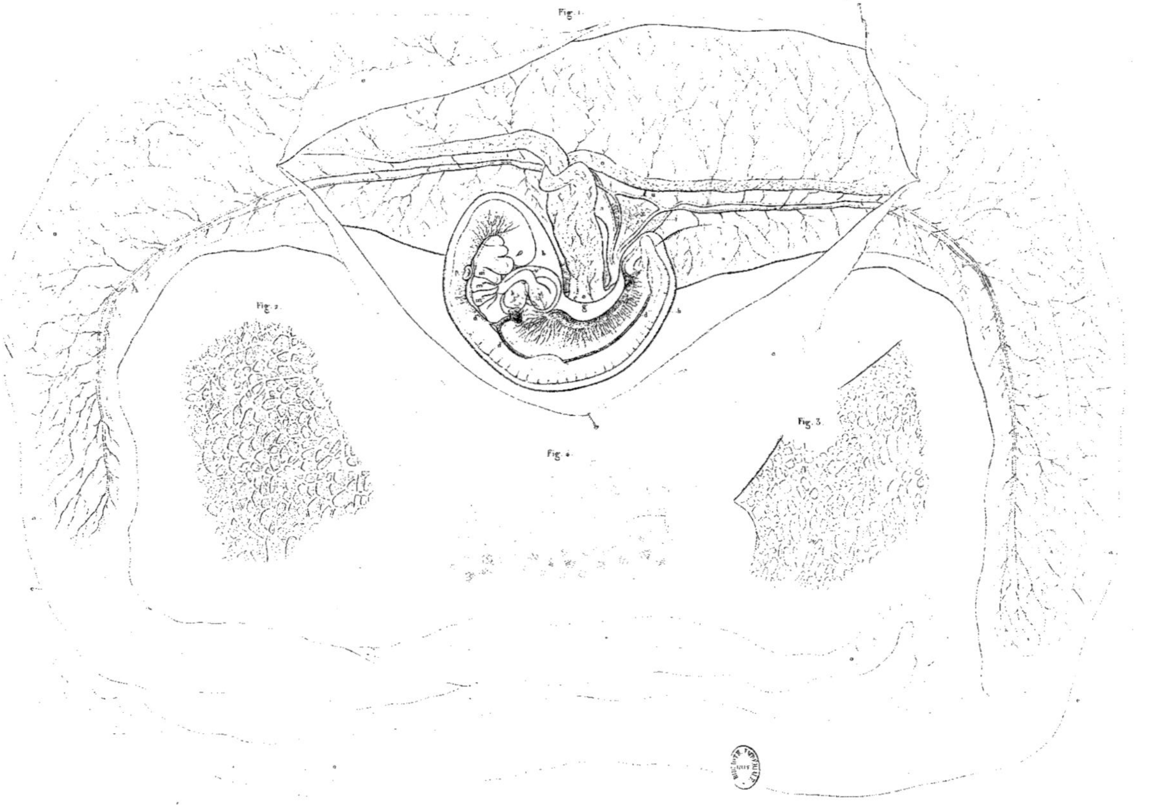


Viało sc. N. Rémond imp.

BREBIS.

ŒUF DE VINGT-DEUX À VINGT-TROIS JOURS.

Protais sc. N. Rémond imp.

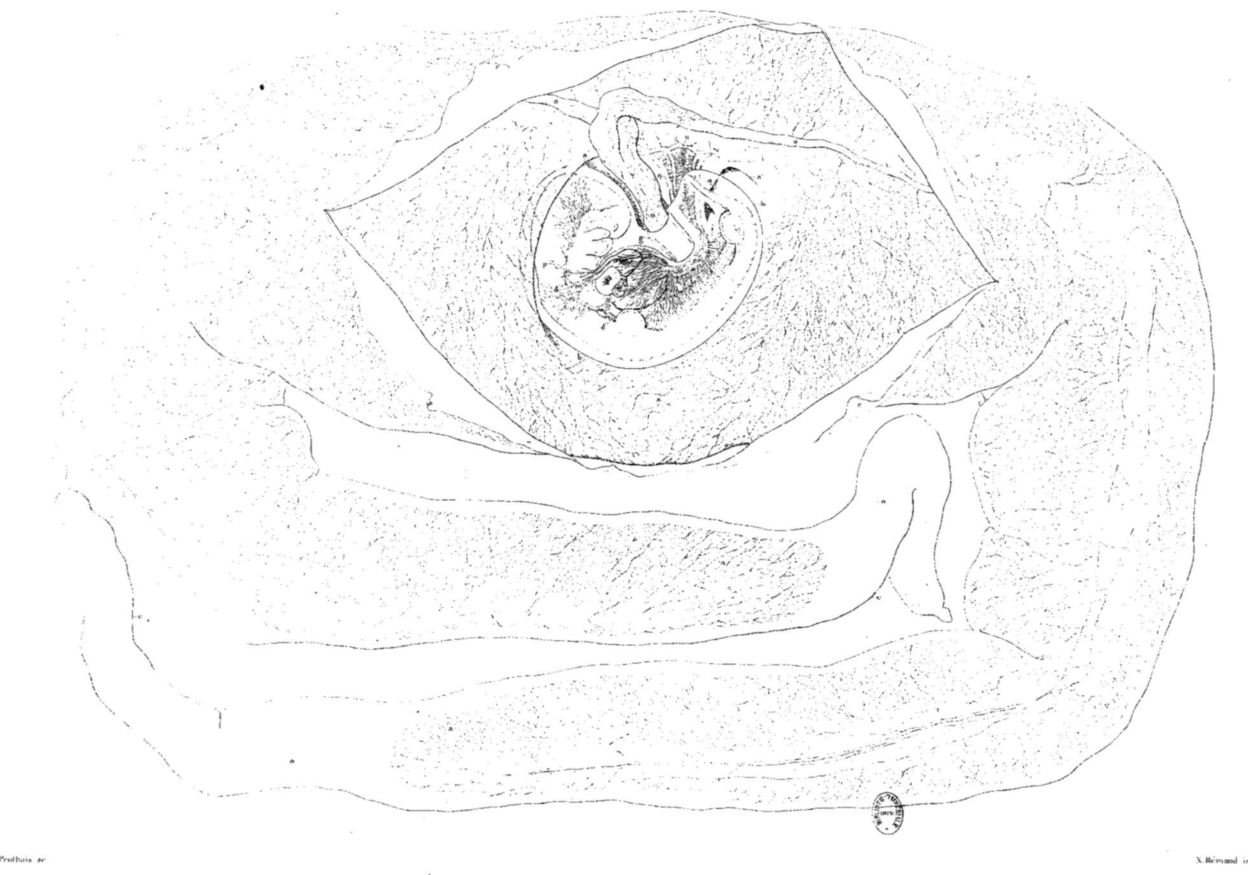

Prolhais sc.

N. Rémond imp.

DÉVELOPPEMENT DES CORPS ORGANISÉS.



*BREBIS.*

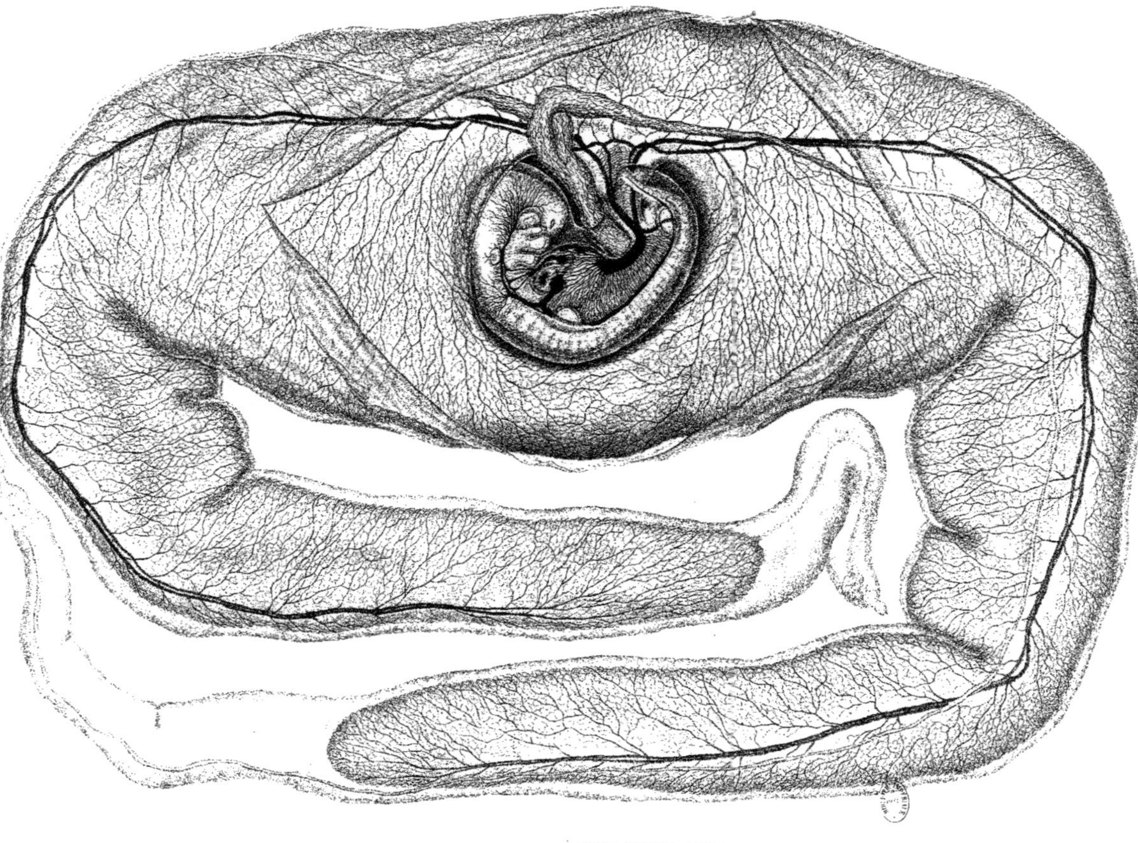

ŒUF DE VINGT-TROIS À VINGT-QUATRE JOURS.

A. Bernard imp.

Gisle sc. N. Rémond imp.

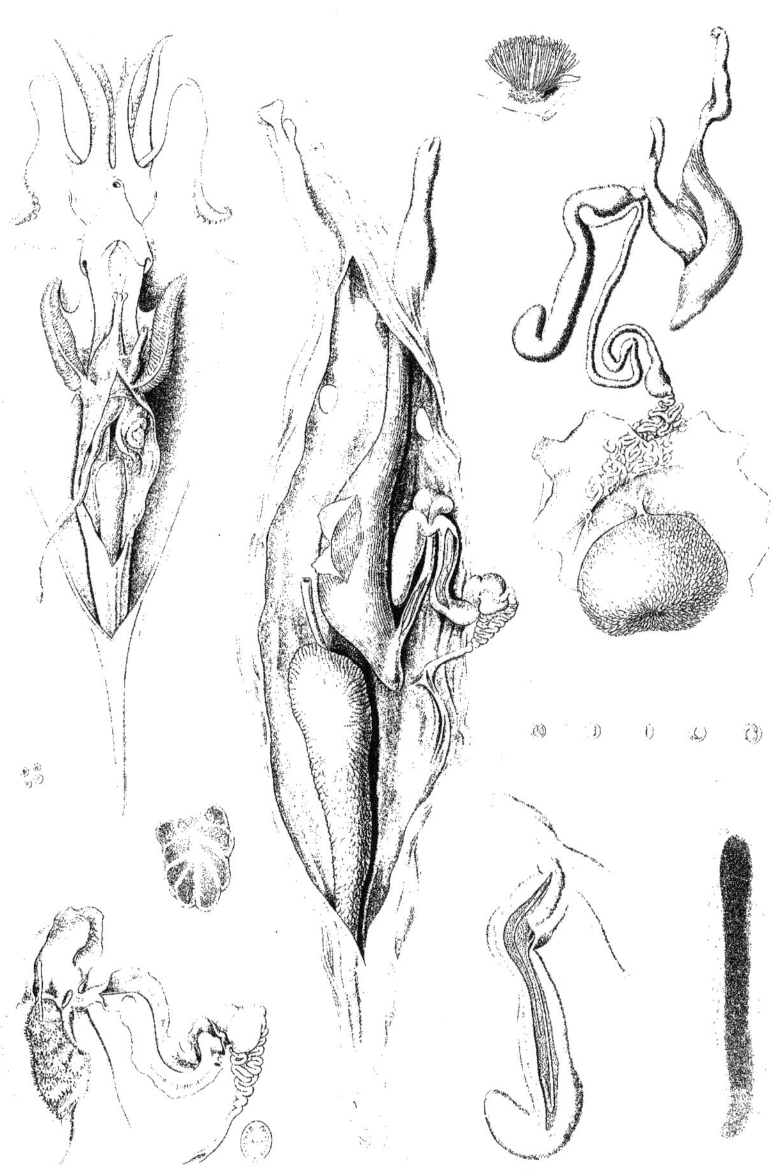

FORMATION DES SPERMATOZOÏDES ET DES SPERMATOPHORES

chez le Calmar subulé.

rbe del et pinx. X. Rémond imp. Visio sc.

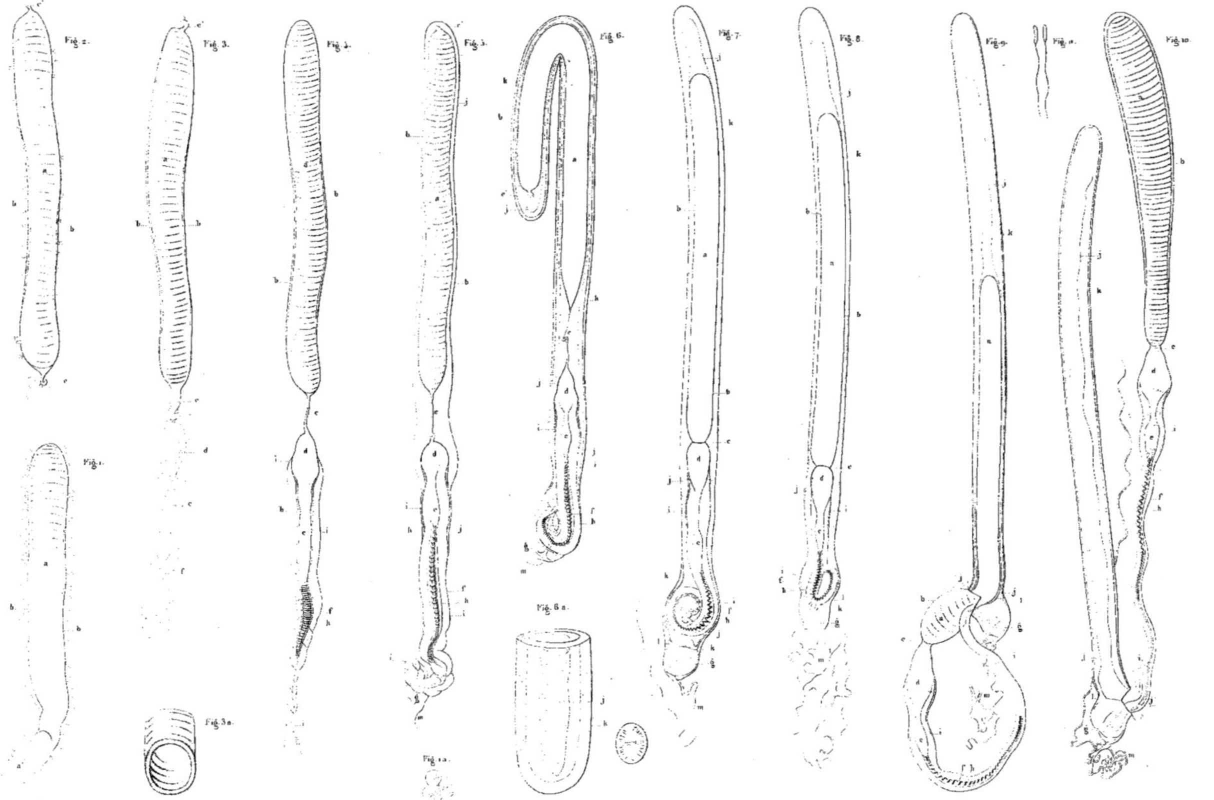


Visio sc.

N. Rémond imp.

FORMATION DES SPERMATOPHORES

chez le Calmar subulé.

Z. Gerbe del. et pinx. X. Rémond imp. Visto sc.

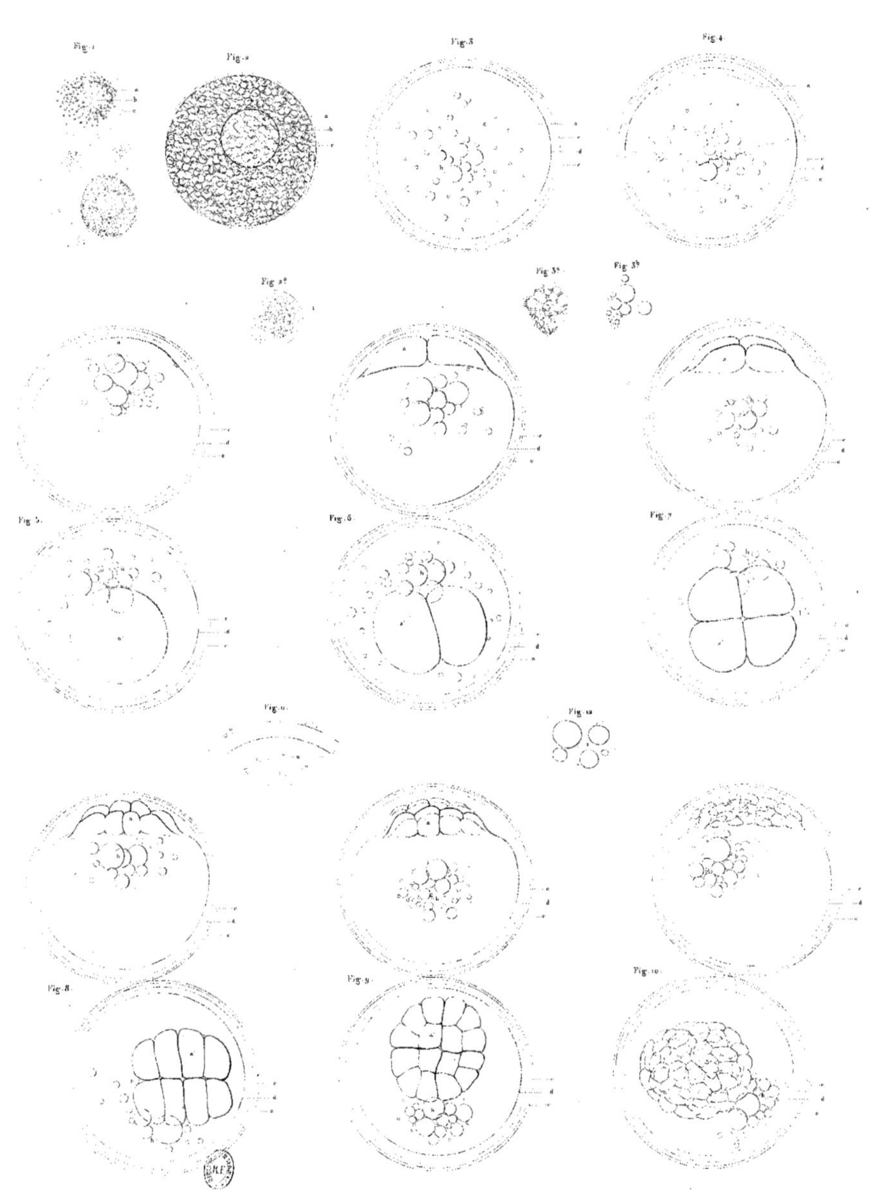
Fig. 1
Fig. 2
Fig. 3
Fig. 4
Fig. 2ª
Fig. 3ª
Fig. 3ᵇ
Fig. 5.
Fig. 6.
Fig. 7
Fig. 11
Fig. 8.
Fig. 9.
Fig. 10.

# DÉVELOPPEMENT DES CORPS ORGANISÉS.



*POISSONS OSSEUX (ÉPINOCHE)*

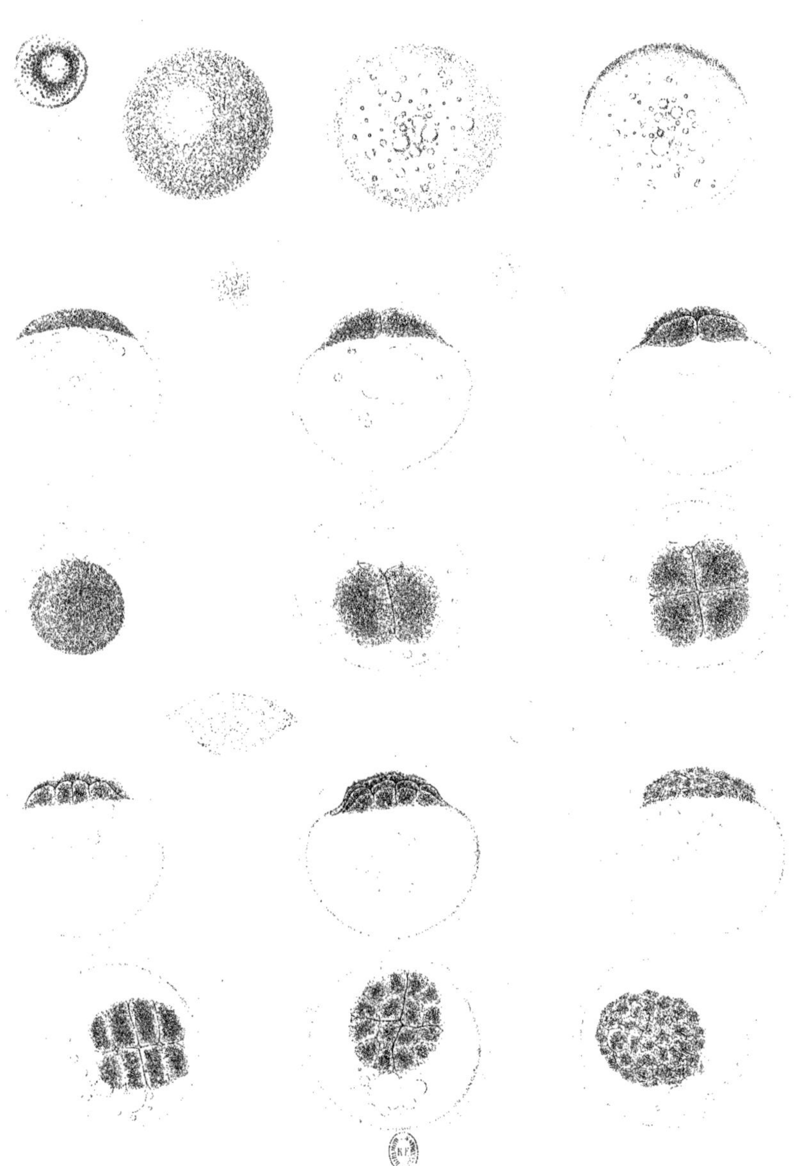

MODIFICATIONS DE L'ŒUF

pendant les quinze premières heures après la ponte.

otais sc.

Y Rémond imp.

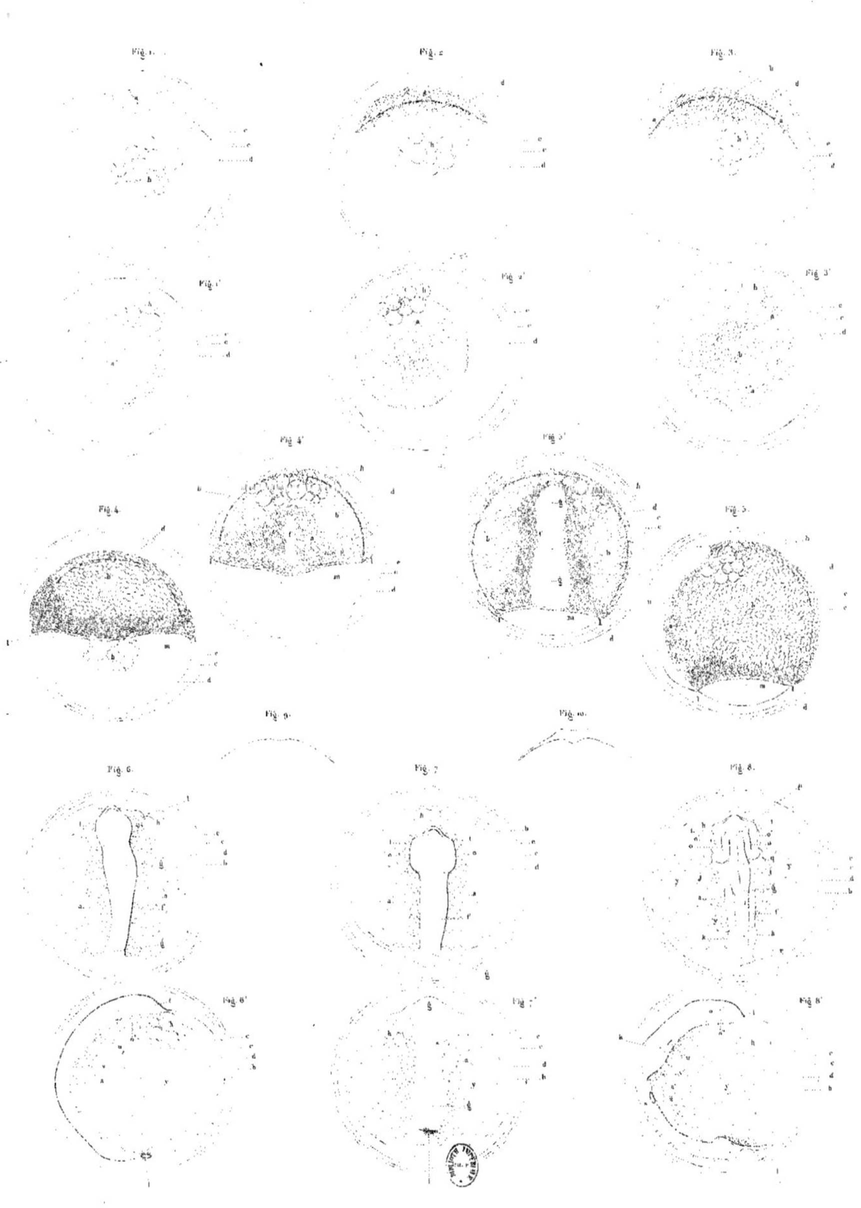

A. Reinoud imp.

39

POISSONS OSSEUX (ÉPINOCHE)

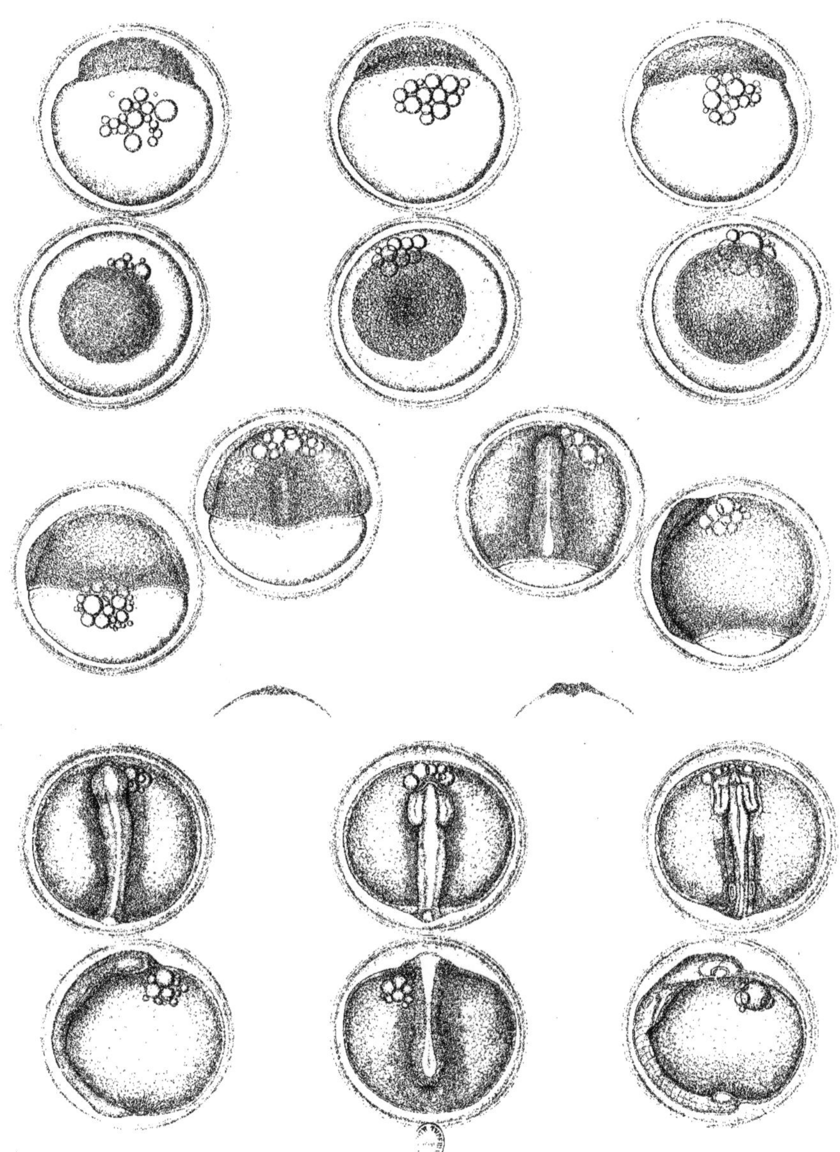

MODIFICATIONS DE L'ŒUF

de la quinzième à la cinquantième heure après la ponte.

athais sc. N. Rémond imp.

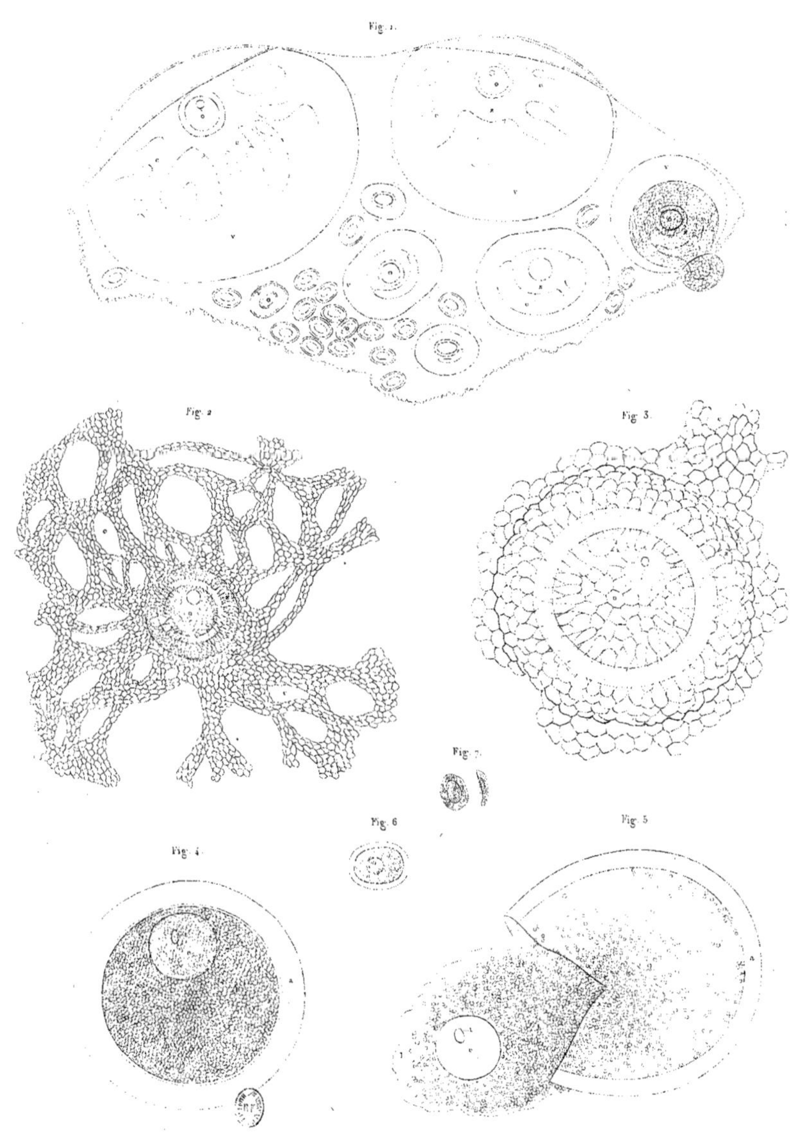


...ssto sc

N. Rémond imp.

LAPIN.

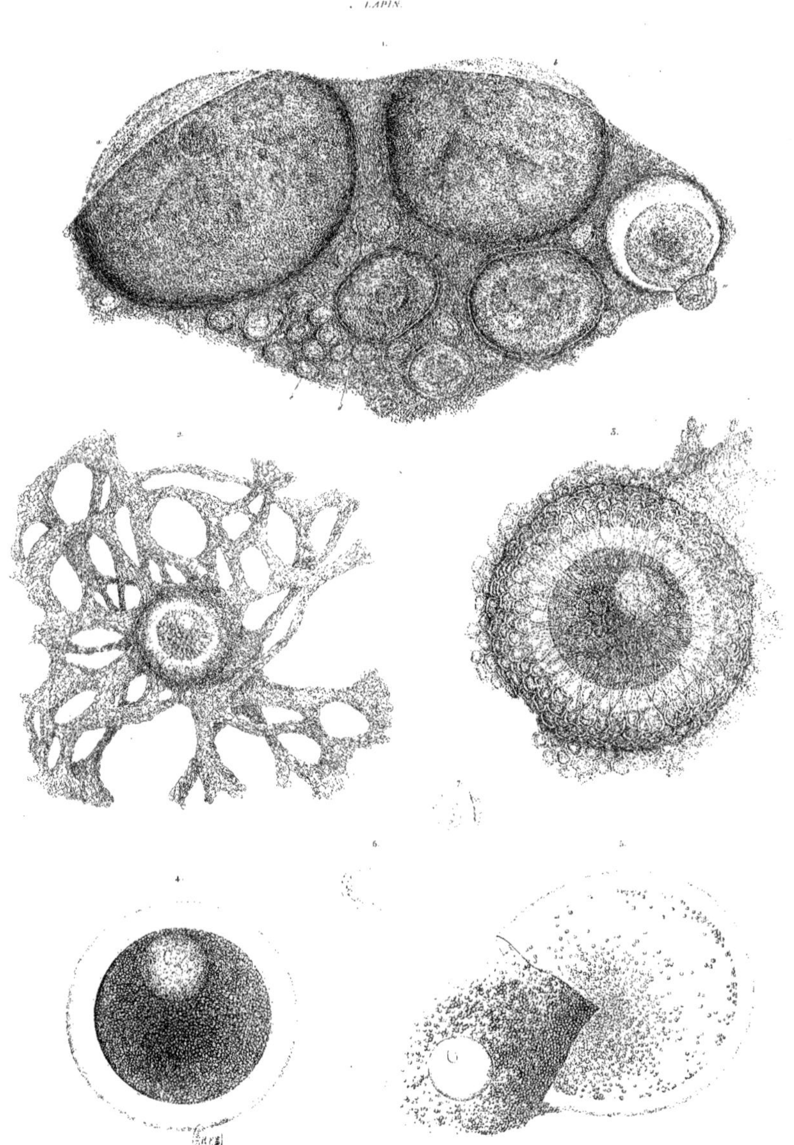


ŒUF DANS L'OVAIRE.

Lais sc. N. Rémond imp.

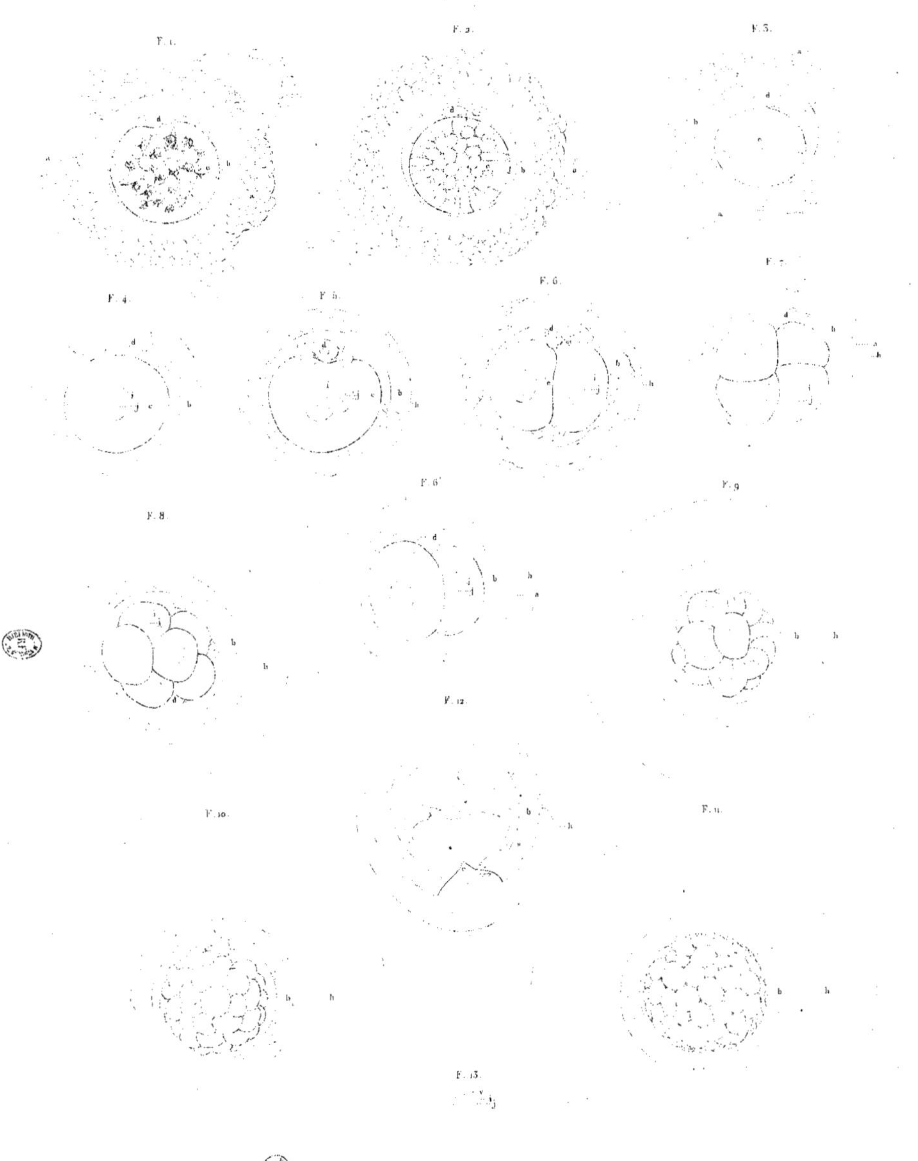


Thais sc. S. Reinaud imp.

LAPIN.

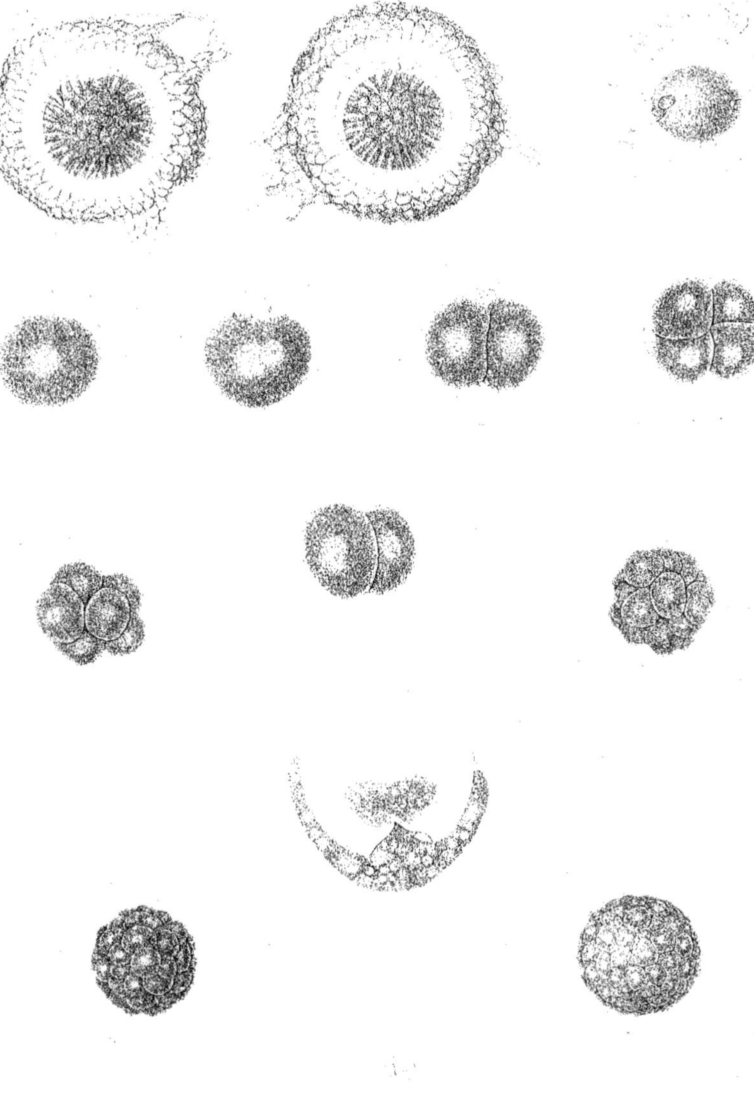



MODIFICATION DE L'ŒUF DANS L'OVIDUCTE

pendant les trois premiers jours.

...rothaus sc. N. Rémond imp.

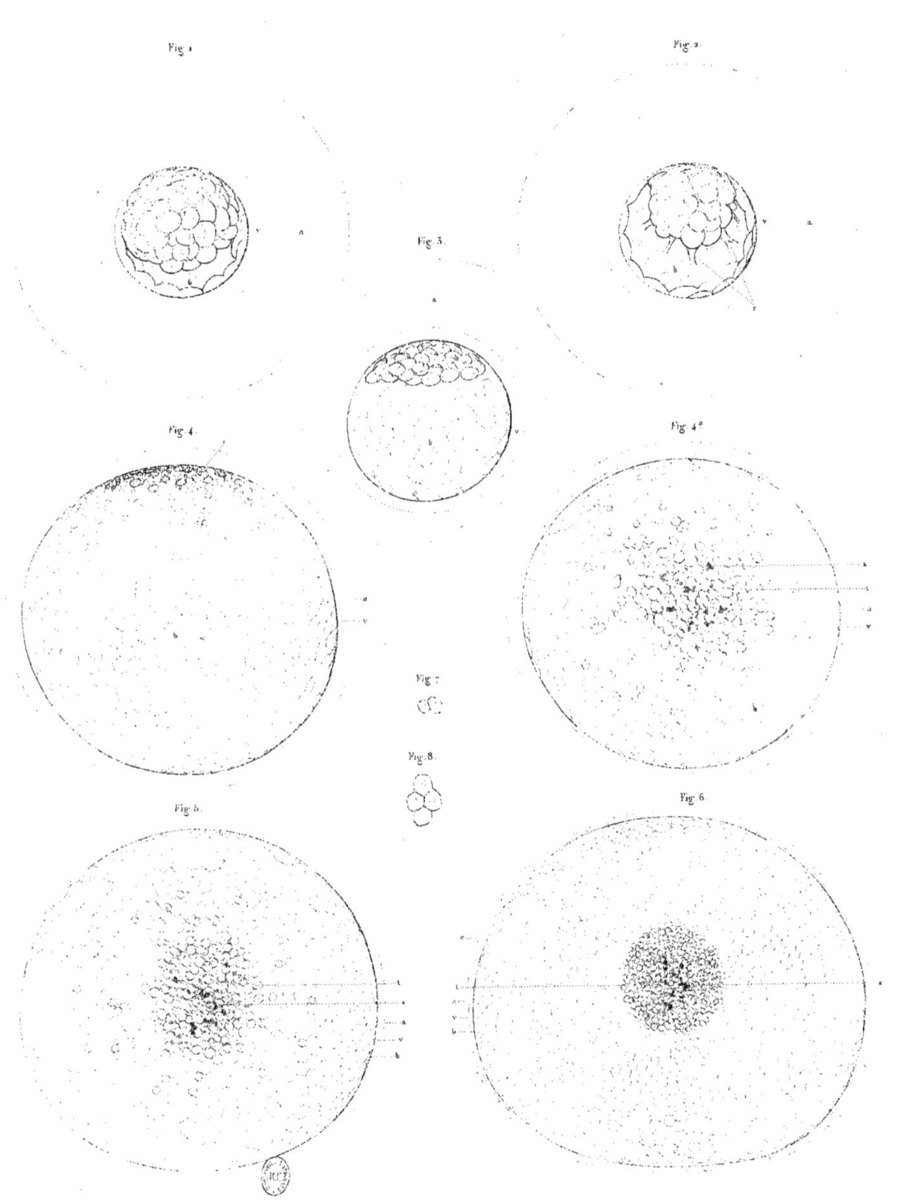


is sc S. Rémond imp.

LAPIN.

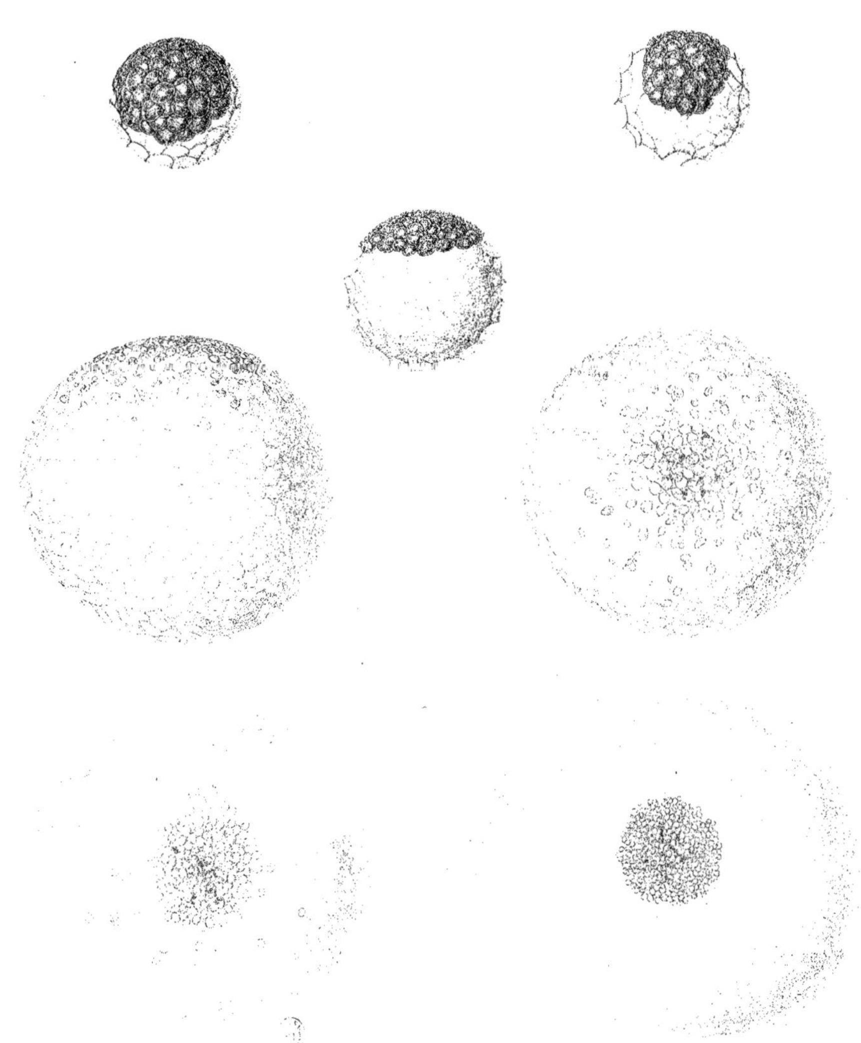

MODIFICATIONS DE L'ŒUF DU TROISIÈME AU SIXIÈME JOUR.

…rochais sc. V Reinond imp.

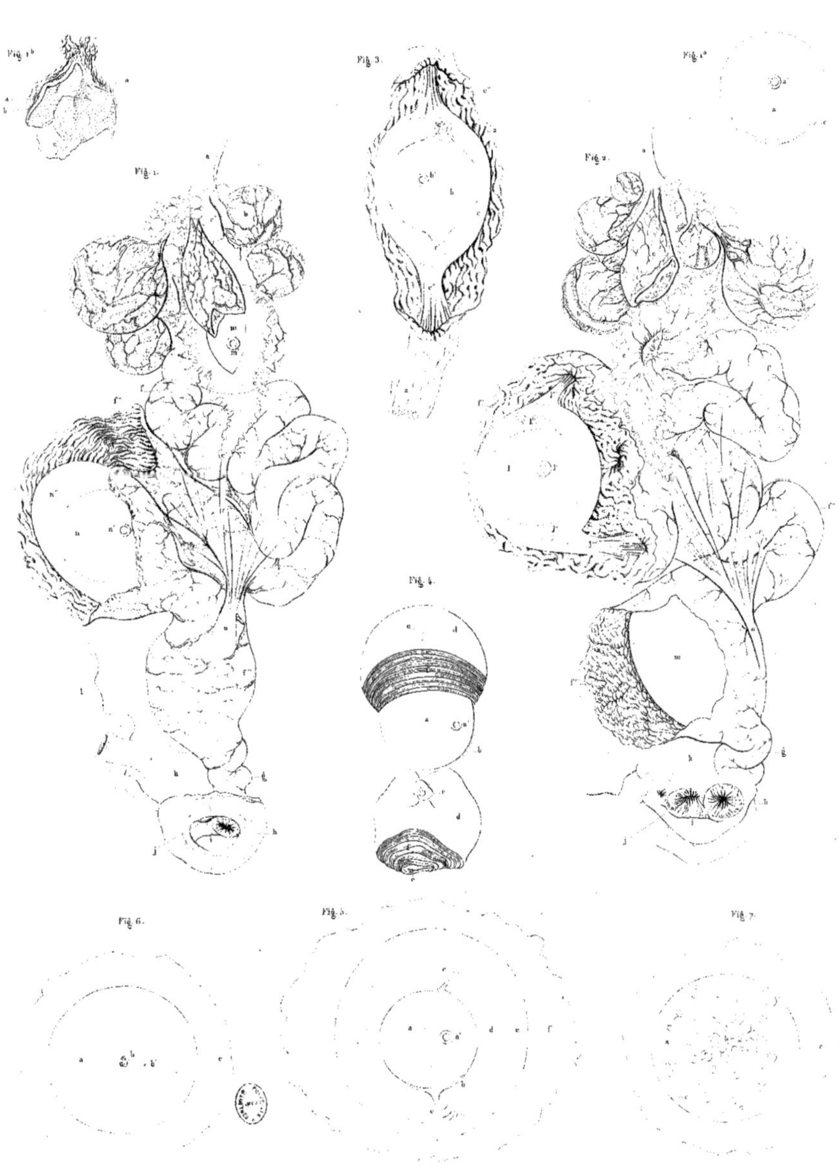


to sc.

N. Rémond imp.

OISEAUX (POULE)

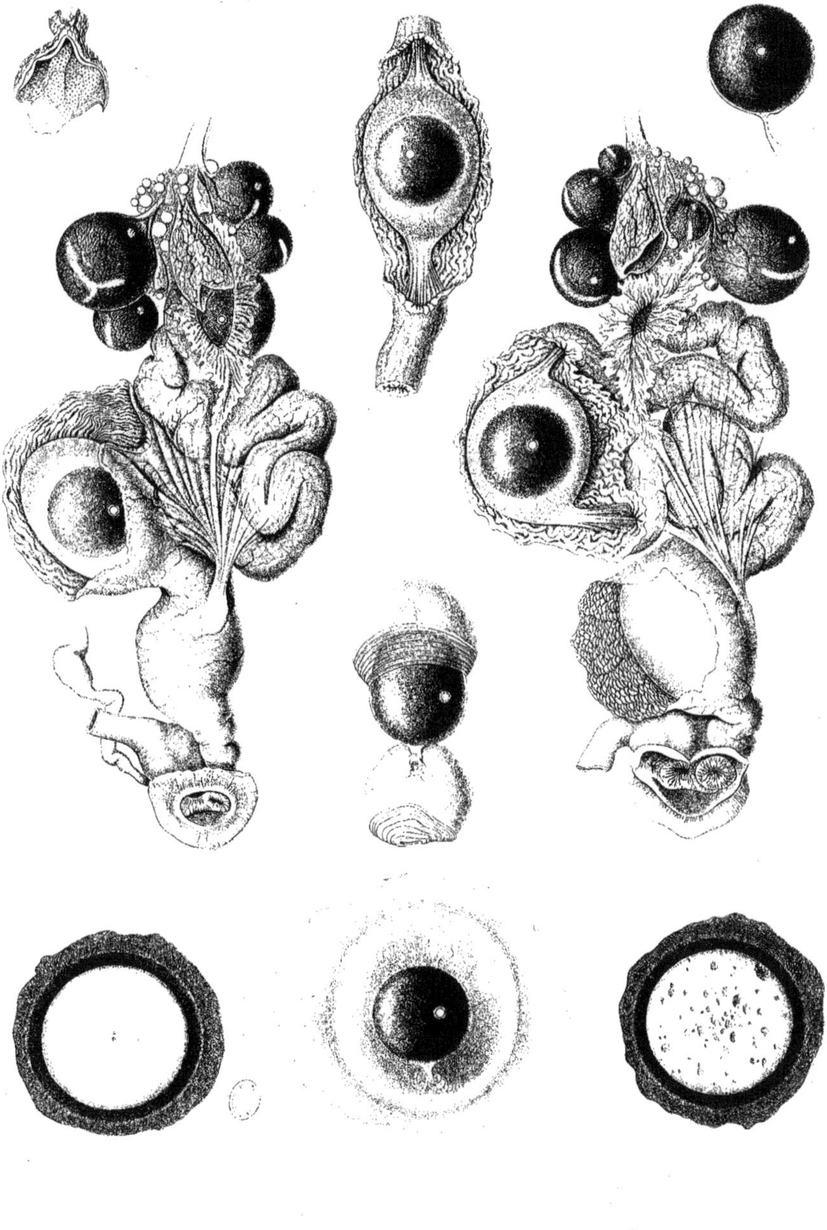

PASSAGE DE L'ŒUF DANS L'OVIDUCTE.

FORMATION DES PRODUITS ADVENTIFS.

E. Gerbe del et pinx. Visto sc.

X. Rémond imp.

Poule.



Fig. 1. Fig. 2. Fig. 3. Fig. 3 a. Fig. 3 b.

Fig. 4. Fig. 5. Fig. 6.

Fig. 7. Fig. 8. Fig. 9.

Fig. 10. Fig. 11. Fig. 12.

Fig. 13. Fig. 15 b. Fig. 15 a. Fig. 15. Fig. 14.

Prothâis sc.

X. Renaud imp.

# DÉVELOPPEMENT DES CORPS ORGANISÉS.

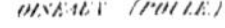

*OISEAU (POULE)*

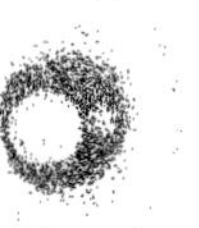

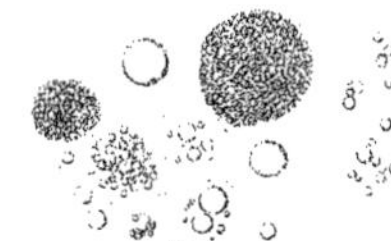

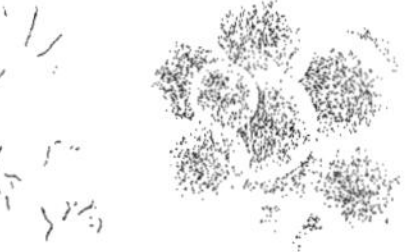

COMPOSITION DU JAUNE DE L'ŒUF.

SEGMENTATION DE LA CICATRICULE.

Pouthais sc. | A. Rémond imp.

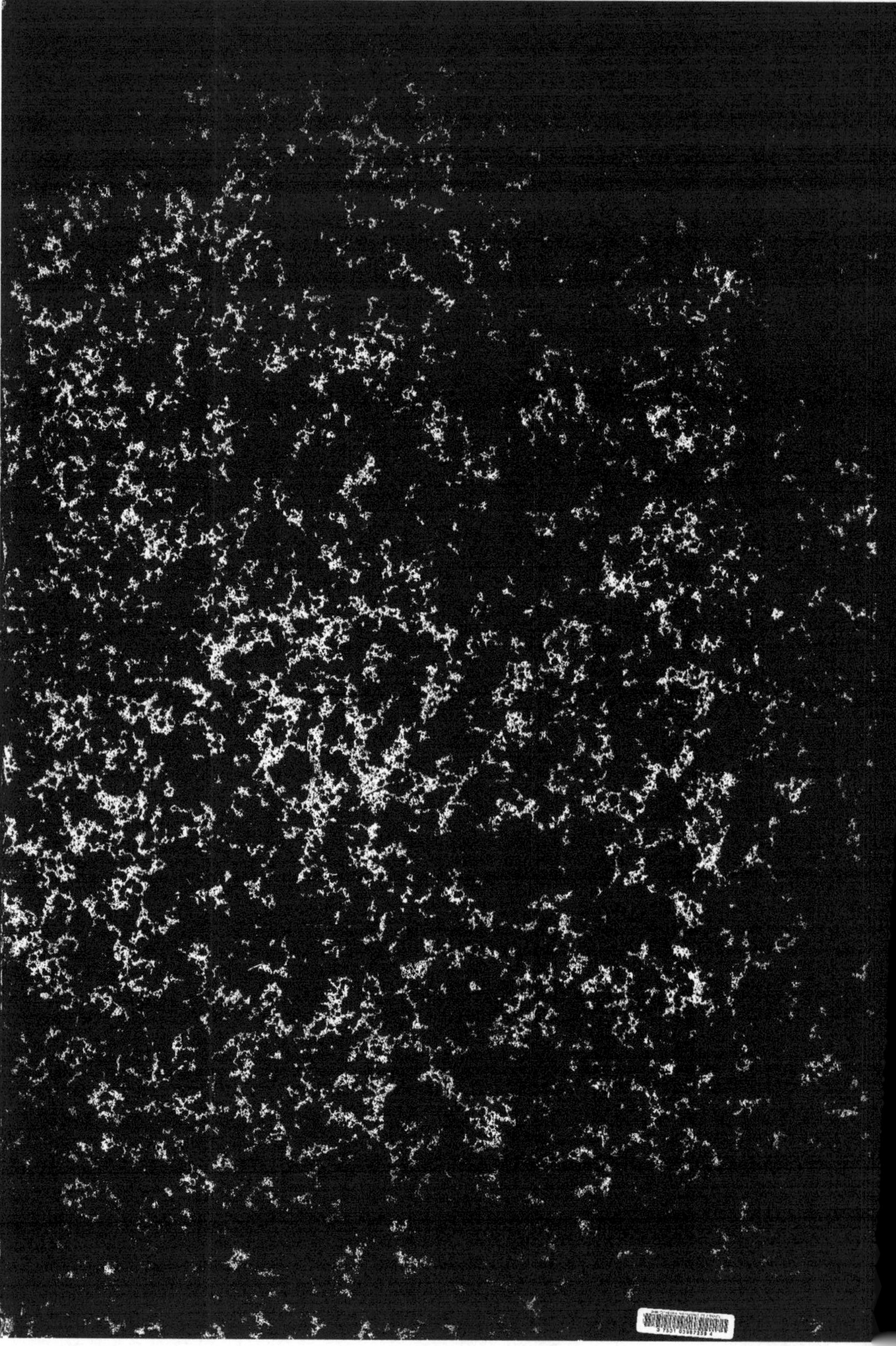

www.ingramcontent.com/pod-product-compliance
Ingram Content Group UK Ltd.
Pitfield, Milton Keynes, MK11 3LW, UK
UKHW022115190726
13855UKWH00003B/880

9 782013 269704